Lackdesign

Alexander Hagemann

Lackdesign

Aus der Praxis, für die Praxis

Springer Vieweg

Alexander Hagemann
Bondorf, Deutschland

ISBN 978-3-658-49379-0 ISBN 978-3-658-49380-6 (eBook)
https://doi.org/10.1007/978-3-658-49380-6

Die Deutsche Nationalbibliothek verzeichnet diese Publikation in der Deutschen Nationalbibliografie; detaillierte bibliografische Daten sind im Internet über https://portal.dnb.de abrufbar.

Planung/Lektorat: Eric Blaschke
Springer Vieweg ist ein Imprint der eingetragenen Gesellschaft Springer Fachmedien Wiesbaden GmbH und ist ein Teil von Springer Nature.
Die Anschrift der Gesellschaft ist: Abraham-Lincoln-Str. 46, 65189 Wiesbaden, Germany

„Die Möglichkeiten der Gestaltung sind grenzenlos. Wir werden nur durch unsere eigene kreative Vorstellungskraft beschränkt."

Vorwort

Lack ist mehr als nur eine Schutzschicht – er ist ein kreatives Gestaltungsmittel. Dieses Buch zeigt die faszinierende Welt der Effektlacke, kreativen Lacktechniken und Designlackierungen und vermittelt praxisnah, wie atemberaubende Oberflächen entstehen.

Moderne Lacksysteme bieten grenzenlose Möglichkeiten der Oberflächengestaltung. Es muss nicht immer nur der fahrbare Untersatz sein sondern auch Möbel, Alltagsgegenstände oder sogar Kleidung können aufregend und individuell erscheinen. Die Grenzen der Gestaltungsmöglichkeiten werden nur durch uns selbst definiert und liegen dort, wo unsere kreative Vorstellungskraft endet. Wenn du es dir vorstellen kannst, ist es auch realisierbar. Du musst dich nur trauen. Mein Name ist Alexander Hagemann (Abb. 1), ich wurde 1983 geboren und bin Fahrzeuglackiermeister aus Leidenschaft. Ich habe zwar etwas gebraucht, um diese Berufung zu erkennen, aber es ist nie zu spät sein Leben neu zu ordnen. Ich beschäftige mich seit vielen Jahren mit der Airbrushtechnik, mit Lacken und den Möglichkeiten diese zu nutzen, was mich letztendlich auch dazu gebracht hat, das Lackieren damals professionell zu lernen und meine berufliche Zukunft im Lackierwesen zu starten. Nach der Schule habe ich eine Ausbildung zum Maurer absolviert. Im Anschluss stand der Musterungsbescheid an und ich habe mich beim Militär verpflichtet. Während meiner zwölfjährigen Dienstzeit in Uniform entdeckte ich die Leidenschaft zu Farben, Lacken, Airbrushmalereien und der Lackierkunst. Aufgrund dessen habe ich nach Verlassen der Armee beschlossen, mit 30 Jahren nochmal neu anzufangen und mein Hobby zum Beruf zu machen. Meinen Gesellenbrief habe ich nach einer verkürzten Lehrzeit mit 1,0 abgeschlossen, meine Meisterprüfung im Anschluss ebenfalls mit Auszeichnung. Im Jahre 2021 habe ich erstmals an einem Wettbewerb teilgenommen. Meine Intension hierbei war, mir selbst zu beweisen was ich kann. Letztlich bin ich dann auf der Automechanika in Frankfurt bei einem Lackdesignwettbewerb erst zum deutschen Meister und dann abschließend noch zum Weltmeister gekürt worden. Das war bis dato mein größtes berufliches Erfolgserlebnis und ich bin heute noch dankbar dafür, dieses erlebt haben zu dürfen. Bis heute habe ich an mehreren Wettbewerben für Lackdesign teilgenommen und alle gewonnen. Wenn man etwas wirklich liebt, ist man automatisch gut darin. Im

Laufe der Jahre habe ich nicht nur Fahrzeuge lackiert oder veredelt, sondern auch Handys, Laptops, Helme, Motorräder, Jacken, Hörgeräte – eigentlich fast alles bis hin zu High Heels. An dieser Stelle möchte ich mich auch herzlich bei meiner Familie bedanken, die mich bei all meinen Lackeskapaden ständig unterstützte und immer an mich geglaubt hat. Gerade der Nischenbereich Designlackierungen und Custompainting hat es mir angetan und mich in seinen Bann gezogen. So ist es auch nicht verwunderlich, dass beginnend beim Bobbycar, über Laufrad und Kettcar jedes Fahrzeug meines Sohnes sehr individuell lackiert wurde. Mittlerweile habe ich einige Erfahrungen mit verschiedenen Lacken gesammelt, was diese an Möglichkeiten bieten und möchte nun versuchen, das mir bis heute angeeignete Wissen weiter zu geben. Auch wenn diese besondere Art der Lackierung sehr aufwendig, meist etwas kostenintensiver und daher nur noch selten gefragt ist, ist es doch mit der spannendste Teil meines Berufes. Es heißt ja nicht umsonst „Die Kunst des Lackierens“ und genau dieses ist es auch: Kunst!

Abb. 1 Autor Alexander Hagemann

Interessenkonflikt Der/die Autor*in hat keine für den Inhalt dieses Manuskripts relevanten Interessenkonflikte.

Inhaltsverzeichnis

1 Einleitung

Lackierungen, heute mehr denn je ein Statussymbol. In einer Zeit, in der die Individualisierung des Einzelnen zum absoluten „Must-Have" der Superlative geworden ist.

Instagram, Facebook, YouTube – überall im Internet sind Videos und Clips hierzu zu finden. Bunt, knallig, auffällig und meist vor allem Eines: teuer! Mit Lacken, welche die Farbe verändern, von selbst beginnen zu leuchten, in allen Regenbogenfarben schimmern oder so extrem glitzern, dass der Betrachter von einem Diamanten auf vier Rädern ausgehen muss. Fast immer stehen auch die passenden Nobelkarossen für den Laufsteg namens Internet bereit, um das maximale an Klicks und Likes zu ergattern. Natürlich passen diese Luxusfahrzeuge hier absolut, denn eine moderne Lackierung ist schon lange nichts mehr für den schmalen Geldbeutel. Von solchen Effekt- oder Designlackierungen ganz zu schweigen. Zusätzlich wirkt natürlich ein Ferrari deutlich imposanter und exklusiver im Onlinevideo wie ein Ford Fiesta. Aufgrund massiv gestiegener Rohstoffpreise, Personal- und Energiekosten, ist das Farbkleid eines Fahrzeugs doch ziemlich kostenintensiv geworden. Wer es sich leisten kann und auch leisten möchte, setzt damit ein Statement um sein Fahrzeug von anderen zu unterscheiden, wobei die breite Masse eher darauf hofft, dass im Schadenfall die Versicherung wenigstens die Farbtonangleichung der Serienlackierung bezahlt, um nicht mit einem farblichen Schachbrett unterwegs sein zu müssen. Auch wenn eine komplette Fahrzeuglackierung wirklich kein Schnäppchen mehr ist, gibt es dennoch genügend Liebhaber, die bereit sind hierfür auch Geld auszugeben. Bei der Veredelung hochpreisiger Fahrzeuge gibt es fast keine Grenzen mehr. Es werden weder Kosten noch Mühen gescheut um etwas einzigartiges zu erschaffen. Doch warum ist das so? Wenn Geld keine Rolle mehr spielt, ist der Drang zum Individualismus am größten. Der Wunsch, etwas absolut individuelles und exklusives zu besitzen, um sich aus dem

A. Hagemann, *Lackdesign*, https://doi.org/10.1007/978-3-658-49380-6_1

Olymp der Superreichen noch weiter zu erheben, scheint fast grenzenlos. Man will zeigen was man hat und das man es sich leisten kann. Angefangen beim komplett vergoldeten Fahrzeug bis hin zu diamantbesetzen Felgen. Geht es um Einzigartigkeit, lässt man dann auch gerne mal ein dreihunderttausend Euro teures Fahrzeug für viel Geld mit Spraydosen bearbeiten, hauptsache kein anderer kam bereits vorher auf diese Idee. Man lässt sich Comic Helden auf einen Luxusschlitten malen, nur, um diese anschließend wieder einfarbig über zu lackieren. Damit die Comic Helden überhaupt wieder sichtbar werden, muss das Fahrzeug entweder heiß gewaschen, oder nur bei heißen Temperaturen bewegt werden. Erinnerst du dich noch an die Videos der Fahrzeuge, welche mit heißem Wasser übergossen wurden und plötzlich die Farbe veränderten? Zweitausendzwanzig jagte ein Video das Nächste. Noch krasser, noch luxuriöser, noch extremer. Und heute? Wo sind diese Fahrzeuge heute? Vermutlich ist der Effekt schon lange wieder verblasst und die Fahrzeuge wurden entweder erneut überlackiert oder verstecken ihr äußeres Kleid unter einer Staubschicht in irgendeiner Garage. Kennst du noch die Tassen, die ihre Farbe wechselten oder auf denen leicht bekleidete Damen und Herren beim einfüllen eines heißen Getränks auch noch die letzten Hüllen fallen ließen? Wie lange hat dieses Farbwechselphänomen funktioniert? Zumindest war bei meinen Habseligkeiten dieser Zauber nicht wirklich von Dauer. Ebenso ein Fahrzeug das per Knopfdruck von selbst leuchtet. Wow! Eine absolute Weltneuheit. Ich gebe zu, diese Art von Lackierung hat ihren Reiz und sorgt garantiert für Aufsehen. Solche Lackierungen sind allerdings in der deutschen Straßenverkehrsordnung verboten und daher ausschließlich zu Ausstellungszwecken gedacht. Beispiele für Superluxus- und Show-and-Shine-Lackierungen finden sich mehr wie genug bei Ausstellungen oder auf den ganzen Onlineplattformen. Diese sind nur einige Beispiele, was mit den heutigen Lacksystemen und Kreativität alles möglich ist. Die Lackindustrie entwickelt sich ständig weiter und damit auch die Möglichkeiten der Oberflächengestaltung. Auch wenn die genannten Beispiele die Extremfälle sind, Fakt ist, für die breite Masse sind diese Art von Lackierungen zu teuer und vieles mit Folierungen und Digitaldruck deutlich kostengünstiger zu realisieren, sofern überhaupt Interesse an einer farblichen Veränderung besteht, da bereits Serienlackierungen heutzutage sehr effektvoll gestaltet sind. Es gibt vielerlei Gründe, warum Objekte optisch aufgewertet werden sollen. Meist jedoch ist spielt der Wunsch nach Individualisierung eine wichtige Rolle und bezieht sich dabei nicht nur auf Fahrzeuge. Zudem muss es ja nicht immer gleich ein komplettes Fahrzeug sein. Auch einzelne Elemente lassen sich wunderbar veredeln und setzen atemberaubende Akzente. So können beispielsweise auch alte und langweilige Möbelstücke aufgewertet werden und in ganz neuem Glanz erstrahlen. Es können auch Alltagsgegenstände wie Handy, Computer, Kaffeemaschine oder sogar Schuhe veredelt werden und damit den Individualismus des Eigentümers unterstreichen. Ein farbliches Statement lässt sich auf fast jeder Oberfläche umsetzen. Das Schöne dabei ist, fast jeder Lackierer kann hier zum Künstler werden. Letztendlich ist es mehr eine Frage des Wollens als des Könnens. Wichtig ist vor allem Durchhaltevermögen und Geduld. Jeder Lackierer kann eine Lackierpistole bedienen und weiß um den richtigen Umgang mit Klebeband und Maskiermaterial. Mehr braucht es nicht um tolle Effekte und faszinierende Ergebnisse zu erzielen. Das Geheimnis einer exklusiven Lackierung ist nicht unbedingt das handwerkliche Können, sondern den richtigen Weg und die richtige Vorgehensweise zu finden, um das gewünschte Ziel zu erreichen. Mit diesem Buch möchte ich meine Gedanken dazu offen legen, einige Beispiele zu diesem Themengebiet aufzeigen, grundsätzliches Wissen zu Effektpigmenten, Lacktechniken, Lackeffekten und Aufbau verschiedener Designs erläutern und vor allem Mut machen, es selbst zu versuchen. Die Informationen in diesem Buch beruhen auf meinen persönlichen Erfahrungswerten und entsprechen nicht immer den Vorgaben von Lackherstellern oder Schulbüchern. Gerade der Bereich der Designlackierung findet sich vorwiegend im Fahrzeugtuning- oder Custom-Bereich, im Bereich der Motorradliebhaber oder der LKW-Fahrer. Die Tuningszene verändert sich aber stetig. In den neunziger Jahren waren sie noch häufig anzutreffen. Kunterbunt lackierte und verspoilerte Fahrzeuge waren fast überall präsent und erfreuten sich großer Beliebtheit. Damals wurden Fahrzeuge, mit allem was man hatte und sich leisten konnte, liebevoll und akribisch verändert und individualisiert. Klar, die Lackierungen entsprachen teilweise nicht den heutigen Qualitätsstandarts und wurden oftmals in Scheunen oder Garagen aufgebracht. Dennoch waren die Straßen deutlich farbenfroher, individueller und bunter wie heute. Zig Firmen wuchsen wie Pilze aus dem Boden, um genau diesen Markt zu sättigen. Alu-Felgen, Abgasanlage, Fahrwerk, Spoiler, bis hin zu kompletten Breitbausätzen. Man erinnert sich an die Zeiten vom VW Golf eins oder Opel Manta. Je kurioser, je auffällig, je weiter weg vom Serienfahrzeug umso besser. Firmen wie Zastrow, Steppan, D&W, Mattig, Mentzel und viele weitere, haben von diesem Markt der Autoliebhaber gelebt. Natürlich war zu all den ganzen Umbauten auch die passende Lackierung notwendig, um dem Fahrzeug den letzten Schliff zu verleihen. Heute gibt es leider sehr viele dieser Firmen nicht mehr. Die Szene ist kleiner geworden, die Fahrzeuge anders. Was früher noch das mühsam erarbeitete und gesparte Traumauto war, ist heute der Luxusschlitten zu bezahlbaren Leasingkonditionen. Fahrzeuge sind immer seltener wirklich Eigentum, sondern nur noch gemietet und müssen wieder im Ursprungszustand zurück gegeben werden. Somit werden immer häufiger nur noch Änderungen vorgenommen, die nach Leasingende wieder rückrüstbar sind. Und da gehört eben eine exklusive Designlackierung nicht dazu. Dieser Markt wird mittlerweile von der Car-Wrapping-Szene beherrscht. Da die Fahrzeuge ja in der Regel nie länger als drei Jahre beim Nutzer sind, stört auch die eingeschränkte Haltbarkeit der Folie nicht. Technisch kann heute jedes Motiv gestochen scharf und in Fotoqualität auf eine Folie gedruckt werden, welche anschließend auf das Fahrzeug aufgeklebt wird. Es gibt Folien in allen Farben, auch mit Effektpigmenten, glänzend oder matt, mit Digitaldruck veredelt oder mit Muster verziert. Abgesehen von der Möglichkeit das Design jederzeit zu ändern oder rückstandslos zu entfernen, sind Folierungen meist deutlich günstiger wie von Hand lackierte Flächen. Also warum überhaupt noch Lackieren? Auch wenn der größte Teil der heutigen Tuningszene aus den drei F‘s besteht, nämlich Fahrwerk, Felgen und Folie, so gibt es doch trotzdem noch Liebhaber der Lackkunst. Diese schätzen die Handarbeit, die hohe Qualität der Oberfläche, das Einzigartige und die lange Haltbarkeit. Aber auch im Lackbereich verändert sich einiges. Neue Pigmente oder Materialien kommen auf den Markt, Trends kommen oder verschwinden wieder. Anfang der Zweitausender war das FlipFlop Pigment auf jedem Treffen der Autofreunde zu finden. Dann kamen die Candy-Lackierungen. Glänzend Bunt wie ein Bonbon, glitzernd, mit eingearbeiteten Motiven oder auch Mustern. Leider werden diese Trends auch immer schnelllebiger, sodass es kaum noch möglich ist, sich auf einen Trend einzustellen. Sobald man sich belesen und alles nötige dazu an Wissen angeeignet hat, ist es schon wieder vorbei und der nächste Trend folgt. Seit 2023 regiert nun der Comic Style das Internet, welcher hier in Deutschland durch einen Lackierer und Grafitti-Künstler populär wurde und aktuell absolut angesagt ist. Das schöne hierbei ist, abgesehen von der Arbeitszeit, entstehen keine hohen Kosten. Es muss kein spezieller, absolut überteuerter Speziallack gekauft werden, welcher womöglich nach einiger Zeit auch noch seinen Effekt verliert, sondern lediglich ein paar Acryl Stifte, Spraydosen und handelsübliche Standartfarben. Vielleicht ist das der richtige Weg, um wieder mehr der automobilen Liebhaber zu einer Lackierung statt Folierung zu gewinnen. Trotzdem sollte der Schwerpunkt nicht nur auf Fahrzeugen und deren Individualisierung liegen. Der Markt in diesem Bereich ist begrenzt. Anders sieht es bei Alltagsgegenständen aus. Fast jeder besitzt ein Handy oder einen Computer. Warum nicht diese designen? Wer im Bereich Lackdesign erfolgreich sein will, muss ständig die Szene beobachten und schauen wohin sich die jeweiligen Vorlieben entwickeln und was gerade angesagt ist.

An dieser Stelle ein Tipp: Da viele dieser Trends über den großen Teich kommen, ist es auch ratsam hier zu schauen, welche Trends in anderen Ländern entstehen oder beliebt sind und sich bereits darauf vorbereiten, bevor diese auch bei uns landen.

Eine zweite Möglichkeit, um erfolgreich zu werden, ist mutig zu sein. Mutig genug, um etwas zu versuchen, etwas Neues zu kreieren oder zu erschaffen. Wer hätte vor zwei Jahren gedacht, das es total in ist, ein Fahrzeug mit Spraydosen und Farbstiften zu gestalten. Ideenreichtum, Kreativität und Mut gehören immer dazu, ebenso wie das Risiko, das der gewünschte Erfolg ausbleibt. Aber wie heißt es so schön: „Wer nicht wagt, der nicht gewinnt.“ Um Oberflächen zu veredeln oder exklusiv und einmalig zu gestalten, gibt es heutzutage unzählige Möglichkeiten. Angefangen bei kompletten Folierungen, Designlackierungen, Vergoldungen, Wassertransferfolien, Pinstriping bis hin zu Gravuren ist so ziemlich alles möglich, was man sich nur vorstellen kann. Ich möchte mich hier aber auf den Bereich Effekt- und Designlackierung beschränken, da alle Themengebiete zu umfangreich sind und mein Wissen dort auch seine Grenzen findet. Auch der Bereich Airbrush, der sehr eng mit der Designlackierung verknüpft ist und oftmals in Kombination mit Lackeffekten angewendet wird, taucht hier zwar auf, wird aber nicht ausführlicher behandelt. Hierzu gibt es bereits mehr als genug hochwertige Fachlektüre, die ein großes und umfassendes Wissen dieser Kunstform vermitteln. Auf den folgenden Seiten möchte ich einen kurzen Exkurs zu geschichtlichen Hintergründen, ausgewählte Szene- beziehungsweise Lacktrends erörtern und Anleitungen zu verschiedenen Lacktechniken aufgreifen. Gerade moderne Lacksysteme machen in einigen Bereichen alte

Lacktechniken schwieriger oder nicht mehr umsetzbar, bieten aber auch neue Möglichkeiten. Ich wünsche nun viel Spaß beim Lesen, ausprobieren und vor allem beim Designen. Nur Mut, ein atemberaubendes Design zu erschaffen ist einfacher als du denkst. Trau dich einfach!

Allgemeines

2

Inhaltsverzeichnis

Bei allen Beschreibungen und Anleitungen gehe ich von einem Grundwissen im Bereich der Fahrzeuglackierung aus. Sämtliche Informationen beruhen auf meinem Fachwissen und meinen Erfahrungswerten. Ebenfalls gibt es viele Wege, um an ein Ziel zu gelangen, daher gibt es für manche Designs auch verschiedene Herangehensweisen. Ob mein Weg der einfachste ist? Keine Ahnung, aber er funktioniert. Finde dies am besten selbst heraus. Bist du ein absoluter Anfänger und Neuling im Bereich der Fahrzeuglackierung, wirst du dich vermutlich zu Anfang etwas schwer tun und manches eventuell auch nicht ganz verstehen. In diesem Fall empfehle ich dir zuerst ein Fachbuch über das Grundwissen Fahrzeuglackierer und etwas Übung im Umgang mit der Lackierpistole. Um die erfolgreiche Umsetzung kreativer Lacktechniken sicherstellen zu können, sollte ein sicherer Umgang mit Lacken, Lackierpistolen, Spraydosen, Abdeckmaterialien, Schleifmitteln vorhanden sein. In diesem Buch gehe ich nicht näher auf korrekte Untergrundvorbehandlung, Lackaufbau, Korrosionsschutz, Reinigung und Finisharbeiten ein. Ebenso sollte die Wichtigkeit der passenden Schutzausrüstung bekannt sein und auch deren korrekte Verwendung. Zusätzlich weiße ich darauf hin, dass für Lackierarbeiten sämtliche Verordnungen und Vorschriften zu beachten sind, speziell die geltende VOC-Verordnung. Vor allem diese ist im Lackiereralltag und bei der Wahl der Lackmaterialien wichtig.

A. Hagemann, *Lackdesign*, https://doi.org/10.1007/978-3-658-49380-6_2

Doch um was geht es bei der VOC-Verordnung denn überhaupt? Die **VOC-Verordnung** (Verordnung über flüchtige organische Verbindungen) zielt darauf ab, Emissionen flüchtiger organischer Verbindungen (VOCs) zu reduzieren, um die Luftqualität zu verbessern und Umwelt sowie Gesundheit zu schützen. VOCs sind chemische Stoffe, die z. B. in Farben, Lacken, Reinigungsmitteln und Kraftstoffen vorkommen und Smog sowie Ozonbildung fördern. Die Verordnung legt Grenzwerte für VOC-Gehalte in Produkten fest, fördert VOC-arme Alternativen und reguliert deren Einsatz in Industrie und Haushalt. Die VOC Verordnung gilt für die Beschichtung von Gebäuden, deren Bauteile oder dekorative Bauelemente sowie für die Fahrzeugreparaturlackierung. Sie ist ein wichtiger Baustein für den Umweltschutz und die Luftreinhaltung. Diese Verordnung gilt auch für Design, Gestaltung und Kunst, wenn hier entsprechende Materialien eingesetzt werden. Doch was bedeutet das nun in der Praxis und für den Anwender? Um die Regelung oder Komplexität dieser Verordnung etwas besser zu verstehen zu können, hat mir ein bekannter Lacktechniker einmal folgendes Beispiel genannt:

Nehmen wir einmal an, du bist der Kunde (K) und ich der Lackhändler (LH).

(K) bestellst einen Liter Basislack VW A7W Reflexsilber.
(LH) frage: „Wasserbasislack oder konventionell?“
(K) „Bitte kein Wasserbasislack, ich habe keine Kabine und somit Trocknungsprobleme bei Wasserbasislack, daher bitte konventionell.“
(LH) „Für die Fahrzeuglackierung darf ich dir das nicht verkaufen. Nur wasserbasiert. Wenn ich dir den konventionellen Lack aber in Spraydosen abfülle, darf ich dir das geben und du kannst damit rumnebeln wie du Lust hast, aber als Eimerware für die Verarbeitung mit der Lackierpistole darf ich das nicht.“
(K) „Spraydose ist doch blöd, macht kein so tolles Spritzbild. Ich möchte aber konventionellen Basislack!“
(LH) „Also wenn du deine Hollywoodschaukel in Wagenfarbe lackieren möchtest, darf ich dir das verkaufen, gerne auch mehr wie nur einen Liter.“
(K) „Oh Klasse! Bitte dann zwei Liter, dann lackiere ich mein Garagentor auch gleich noch in Wagenfarbe.“
(LH) „Stopp, jetzt darf ich dir das wieder nicht mehr verkaufen, weil dein Garagentor fest am Haus verbaut ist. Hier musst du nun wieder Wasserbasislack nehmen oder konventionell aus der Spraydose.“
(K) „Und meine Feuerleiter?“
(LH) „Nur mit Wasserbasis, da diese fest am Haus montiert ist.“
(K) „Und meine Stehleiter die im Schuppen hängt?“
(LH) „Gerne konventionellen Basislack, wie viele Liter dürfen es sein?“

Ich denke, dieses Beispiel zeigt gut, dass die VOC-Verordnung zwar wichtig, allerdings in ihrer Umsetzung sehr komplex ist, da verschiedene Produkte unterschiedlich eingestuft sind. Professionelle Anwender sind aber daran gebunden und müssen diese Verordnung

Abb. 2.1 Effektlacke in Spraydosen

einhalten. Da es aber viele Effektlacke auch in Spraydosen gibt wie Abb. 2.1 zeigt, lässt sich trotzdem regelkonform an Fahrzeugen damit arbeiten. Spraydosen beispielsweise dürfen einen fast doppelt so hohen Lösemittelanteil besitzen wie das selbe Lackmaterial für die Lackierpistole. Da die VOC-Verordnung für bewegliche Teile, welche nicht zu einem Fahrzeug oder Gebäude gehören, nicht verbindlich ist, kann hier genutzt werden, was das Herz begehrt. Trotzdem sollte natürlich auf die Gesundheit und unsere Umwelt geachtet werden um diese nicht unnötig zu belasten.

Quellenangabe zur VOC Verordnung: BMUV, ChemVOCFarbV

2.1 Unterschiede zur Reparaturlackierung

Als Fahrzeuglackierer:in besteht der Hauptteil des Arbeitslebens aus Neuteil- oder Reparaturlackierungen, welche aber in der heutigen Zeit mehr denn je an Können und Geschick abverlangen und Lackaufbauten immer exklusiver, aufwendiger und komplexer werden. Aufgrund dessen ist das für Designlackierungen notwendige handwerkliche Geschick und Können bereits vorhanden und muss nur genutzt werden. Gemischt mit etwas Kreativität und Vorstellungsvermögen kann hieraus etwas Großes und Einzigartiges entstehen. Die wichtigsten Unterschiede liegen eigentlich darin, dass bei vielen Designs oder Techniken, ein Fahrzeug oder Objekt im Ganzen gestaltet werden muss, um ein einheitliches Erscheinungsbild gewährleisten zu können. Abb. 2.2 zeigt ein Fahrzeug, auf dem die Konturlinien

Abb. 2.2 Fahrzeug mit abgeklebten Konturen

des Designs am Komplettfahrzeug aufgeklebt wurden um später eine exakte Linienführung gewährleisten zu können. Des weiteren kommt es beim Designen, zumindest wenn komplette Objekte gestaltet werden, nicht so sehr auf die exakte Farbtongenauigkeit an. Genau dieses ist in der Unfallinstandsetzung wiederum von elementarer Bedeutung da in der Regel nur Teilbereiche lackiert werden, welche später zum Rest des Fahrzeugs passen müssen. In der Reparaturlackierung werden Fahrzeuge meist weitestgehend zerlegt und die Teile einzeln lackiert, um diese anschließend wieder zusammen zu schrauben. Hier ist der Bereich Designlackierung etwas zeitraubender. Oftmals müssen Teile zerlegt werden, um Vorarbeiten durchführen zu können. Anschließend müssen diese für das Design wieder zusammengesetzt werden. Dann werden die gewünschten Farben nacheinander aufgebracht. Bei mehreren Farben muss die Maskierung ständig um geklebt werden, was sehr zeitintensiv werden kann. Abb. 2.3 zeigt ein Fahrzeug, bei dem die erste Farbe aufgebracht und die Maskierung teilweise entfernt wurde. Abb. 2.4 zeigt das erneut abgeklebte Fahrzeug mit fertig lackierter Kontrastfarbe. Für die anfallenden Klarlackschichten müssen diese dann wieder zerlegt werden, um keine extremen Lackränder zu bekommen und einen optimalen Schutz sicherstellen zu können. Ist der Klarlack nur für den Zwischenschliff gedacht, kann unter Umständen darauf verzichtet werden. Allerdings ist auch der Zwischenschliff deutlich einfacher und sicherer an demontierten Teilen durchführbar. Nach erfolgtem Zwischenschliff wird wieder alles zusammen gesetzt und das Gestalten geht weiter. Dieses Vorgehen ist zwar sehr zeitintensiv, aber garantiert ein hochwertiges Ergebnis. Ebenfalls müssen Designs manchmal in mehreren Schritten und Etappen aufgebracht werden. Beispielsweise erfolgt zuerst die Gestaltung der kompletten Außenhaut eines Fahrzeugs. Im Anschluss wird dieses wieder komplett zerlegt, um sämtliche sichtbare Innenbereiche wie beispielsweise die Einstiege ebenfalls anpassen zu können.

Abb. 2.3 Fahrzeug Teillackiert

Abb. 2.4 Die zweite Farbe wird lackiert

Schließlich soll das Design auch noch edel wirken wenn man eine Tür oder Heckklappe öffnet. Abb. 2.5 zeigt das fertig lackierte und teilweise montierte Fahrzeug.

Abb. 2.5 Fertige Zweifarben Lackierung

2.2 Geschichtliches

Gestaltungen oder Malereien mit einer Art Lackiertechnik ist keine Erfindung der Neuzeit, sondern schon seit Anbeginn der Menschheit bekannt. Das Grundprinzip des Lackierens oder auch der Airbrushtechnik ist es, flüssige Farbe durch hohen Druck fein zu zerstäuben und so auf die Oberfläche aufzubringen. Bereits bei einigen Höhlenmalereien aus der Steinzeit lässt sich dieses Prinzip finden wie Abb. 2.6 humorvoll veranschaulicht. Eindeutig erkennbar sind bei manchen Höhlenmalereien negativ aufgebrachte Motive. Hierbei wurde etwas an der Wand aufgelegt, wie beispielsweise eine Hand oder Blätter, um dann die Randbereiche zu besprühen. Dadurch entsteht ein klarer Abdruck mit nach außen verlaufenden, weichen Farbkanten. Vermutlich wurden solche Sprühgeräte aus Knochen, Schilf oder Bambus, unter Zuhilfenahme von Schilfgras, Gräsern oder Tiersehnen gebaut. Das selbe Prinzip lässt sich heute noch teilweise bei Kunstmalern finden. Diese bringen mit derselben Art von Röhrchen-Konstruktion nach Fertigstellung ihres Kunstwerkes ein Fixativ auf. Ich habe 2013 so ein Farbblas-Instrument aus Bambus und Zierlinienband nachgebaut und getestet, wobei ich hierbei auf echte Tiersehnen verzichtet habe. Abb. 2.7 zeigt dieses Lackierinstrument. Nach ein paar Versuchen bezüglich des Abstands beider Rohre zueinander und dem passenden Winkel, hat diese Konstruktion tadellos funktioniert. Zugegeben, nicht für Detailarbeiten geeignet, und schon gar nicht für großflächige Arbeiten, aber dennoch funktionsfähig. Gerne kannst du bei Gelegenheit selbst einmal so ein Instrument bauen und es versuchen. Mit ein bisschen Geduld ist ein Erfolgserlebnis fast garantiert. Wichtig hierbei ist gleichmäßiger Luftdruck durch pusten und der richtige Winkel des Steigrohrs, welches in die Farbe getaucht ist. Stimmt der Winkel, saugt die

Abb. 2.6 Karikatur Höhlenmensch mit Lackierpistole

Abb. 2.7 Nachbau einer Lackierpistole aus der Steinzeit

ausströmende Luft die Farbe im Steigrohr nach oben und zerstäubt diese beim Austritt aus dem Rohr. Du brauchst hierfür nur ein paar Bambusröhrchen, am Besten in verschiedenen Durchmessern, um zu testen, welches dir am ehesten liegt, und etwas Klebeband oder Schnur, um beide Rohre miteinander fest zu verbinden.

Die Erfindung der Lackierpistole und deren Industriellen Einsatz lässt sich auf Dr. Allen Devilbiss zurückführen. Im Jahre 1888 erfand dieser einen Zerstäuber für medizinische Anwendungen im Mundraum. Zu Anfang noch sehr provisorisch aus Schläuchen, einem Kolben und einer Öl-Dose, wurde das Gerät schnell weiterentwickelt und nahm Einzug in die Serienfertigung des neu erfundenen Automobils. Der Name Devilbiss ist heute noch bekannt und steht für qualitativ hochwertige Farbspritzpistolen. Wann und wie die ersten Designlackierungen entstandenist leider nicht genau bekannt. Vermutlich entstanden aber einige der bekannten kreativen Lacktechniken, wie der Wassertropfen- oder auch Marmorierungseffekt, durch einfache Lackierfehler. Abdeckmaterial zufällig auf den noch nassen Lack gefallen und wieder abgezogen oder auch versehentlich Wassertropfen überlackiert, welche vom Reinigen noch auf dem Fahrzeug waren. Genau lässt sich dieses heute nicht mehr sagen, noch weniger, ab wann solche Lackierungen bewusst und absichtlich entstanden.

In der Nachkriegszeit der fünziger Jahre war die Linierung von Fahrzeugen und Teilen, vor allem aber auf Motorrädern, stark verbreitet. Diese wurden im Werk in liebevoller Handarbeit aufgebracht und dienten ebenfalls zu Designzwecken. Vermutlich liegt hier auch der Ursprung des Pinstriping, also der Verzierung durch Farblinien, welches heute noch stark in der Hot Rod, LowRider und Custompainting Szene vertreten ist. Die Tuning- oder Customszene selbst geht bis in die fünfziger Jahre des letzten Jahrhunderts zurück und begann zumindest in Deutschland mit dem VW Käfer. Der beliebte Volkswagen war weit verbreitet und überall anzutreffen. Besitzer eines Käfers versuchten, sich vorwiegend durch Leistungssteigerungen von der breiten Masse abzuheben. Ebenfalls wurden ganze Karosserien für das Käfer-Fahrgestell konstruiert und gebaut. Damit war es möglich, sich auf Basis eines Käfers, einen einzigartigen Buggy zu erschaffen. Für den kleinen Volkswagen wurde auch der erste Spoiler durch die Firma Kamai entwickelt, um die Aerodynamik bei höheren Geschwindigkeiten zu verbessern. Ende der Sechziger entstanden auf Basis des Käfers einige Kunstwerke. Die Fahrzeuge wurden mit bunten Farben, Blumenmustern oder auch Zeichen individualisiert, um ein Statement zu setzen. Der absolute Boom der Tuningszene begann dann in den Siebzigern, als die Ära des Golf GTI, Ford Capri und Opel Manta begann. Eigentümer dieser, und natürlich auch anderer Fahrzeuge begannen, ihre fahrbaren Untersätze in einzigartige und auffällige Autos zu verwandeln. Es entstand ein regelrechter Tuning-Boom und der Markt für verschiedenste Umbauteile wuchs stetig, um die Nachfrage abdecken zu können. Dicke Felgen, ein sportliches Fahrwerk, geänderte Abgasanlagen, diverse Spoiler oder sogar komplette Karosserieumbausätze aus Glasfaserkunststoff gehörten zum Standartrepertoire der Tuning-Fans. Innenräume wurden verändert, leistungsstarke Musikanlagen verbaut und dem Fahrzeug damit ein unverkennbarer Charakter verliehen. Auch Leistungssteigerungen, um das Maximum aus den Motoren zu holen, waren weit verbreitet. In genau dieser Zeit begannen die Lackkünstler sich ebenfalls an diesen Fahrzeugen auszuleben und sich künstlerisch zu verewigen. Lackierungen waren nun mehr als eine reine glänzende Schutzschicht in eintönigen Farben. Es wurde bunt, wild und verspielt. Je auffälliger, je besser. Hauptsache weit weg vom Serienzustand des Wagens. Anfang der achtziger tauchten die ersten Fahrzeuge, verziert mit Airbrusharbeiten, in der Szene auf. Bis dahin war die Airbrushmalerei eher im Grafik- und Illustrationsbereich zu finden. Nun wurde diese ebenfalls der Tuning- oder auch Custom-Szene zugeschrieben und zum festen Bestandteil für hochwertige Designlackierungen. Allerdings muss man hier eine leichte Abgrenzung setzen, da im Custombereich, im Gegensatz zu Illustration und Grafikdesign, kein Fotorealismus gefordert wird, sondern gerne auf Details verzichtet wird, ohne, dass das Motiv in seiner Erkennbarkeit darunter leidet. Durch diesen Verzicht der zeitraubenden Feinbearbeitung eines Motives halten sich die Dauer und Kosten für solche Arbeiten noch im überschaubaren Bereich. Aufgrund dessen wurden solche Arbeiten immer beliebter und etablierten sich fest in der Tuningszene. Im Laufe der Zeit folgten Lacke mit speziellen Effektpigmenten wie Perlmutt, FlipFlop oder auch Candy-Lacke, welche ebenfalls großen Anklang in der Tuninggemeinde fanden und bis heute vertreten sind. Auch wenn die Szene sich stark verändert hat und deutlich kleiner geworden ist, sind die exklusiven und einzigartigen Designlackierungen doch noch am ehesten dort oder in der Biker-Szene zu finden. Denn dort ist ein Fahrzeug nicht nur ein Fortbewegungsmittel, sondern ein Statement, ein Liebhaberstück und Prestigeobjekt. Für die Individualisierung des Fahrzeugs nach den eigenen Vorstellungen sind diese Besitzer auch gerne bereit, für gute Arbeit einen fairen Preis zu bezahlen.

Quelle zur Erfindung der Lackierpistole: Carlisle Fluid Technologies, Lackiererblatt 3.Sep.2018 M.Rehm

2.3 Effekt- oder Designlackierung? Wo liegt der Unterschied?

Bei einer Effektlackierung handelt es sich rein um das Nutzen von Lacken mit speziellen Effektpigmenten. Hier wird der Effekt nur sehr bedingt durch handwerkliches Können beeinflusst. Die Herausforderung der Lackierung beschränkt sich meist auf den gleichmäßigen und wolkenfreien Farbauftrag. Die Wirkung selbst wird durch die Pigmente im Lack erzielt, oft in Verbindung mit dem passenden Untergrundfarbton. Viele der heutigen Serienlackierungen sind bereits mit solchen Effektpigmenten ausgestattet. Zu den bekanntesten Effektpigmenten gehören zum Beispiel:

- Metallic-Pigmente
- Perlglanzpigmente
- Interferenzpigmente wie Perlmutt oder FlipFlop
- Fluoreszierende Pigmente (Tagesleuchtpigment)
- Phosphoreszierende Pigmente (Nachleuchtend)

Phosphoreszenz ist im Bereich der Straßenverkehrsordnung nicht erlaubt. Ebenso sind Tagesleuchtfarben lediglich bei Verwendung auf Einsatzfahrzeugen zulässig. Daher finden diese beiden Pigmente auch keine Anwendung in der industriellen Fahrzeuglackierung, können jedoch zur Gestaltung von anderen Objekten genutzt werden. Metallic-Pigmente hingegen sind fast all gegenwärtig. Ebenso haben sich Interferenzpigmente fest etabliert und sind heute bereits oftmals in Serienfarbtönen enthalten. Viele der heutigen Farben besitzen einen Farbflop. Das bedeutet, durch Lichteinwirkung ändert sich aufgrund Lichtbrechung und Wellenlänge der wahrgenommene Farbton. Des Weiteren hat sich auch

Abb. 2.8 Serienmäßiger Effektlack auf einem Fahrzeug

Abb. 2.9 Serienfarbton mit Perleffekt

die in der Custom-Szene beliebte Candy-Lackierung den Weg in die Serienproduktion gebahnt. Mehrschichtlackierungen sind mittlerweile bei fast jedem Fahrzeughersteller zu bekommen und verleihen eine spektakuläre Tiefenwirkung. Auch hochwertige Spezialpigmente wie beispielsweise Xirallic® Pigmente finden häufig Verwendung und geben den Oberflächen ungeahnte Farbbrillianz und Farbenspiele. Selbst Mehrfarben- oder Strukturlackierungen gehören bereits zur Angebotspalette vieler Hersteller. Somit sind bereits die Masse an Fahrzeugen bei Auslieferung mit einer Effektlackierung versehen. Abb. 2.8 und 2.9 zeigen hier zwei Beispiele einer Perleffekt-Lackierung, wie sie heute bei fast allen Fahrzeugherstellern zum Standartprogramm gehört.

Die Designlackierung beginnt, wo Effektlacke allein nicht mehr ausreichen, um das gewünschte Ergebnis zu erzielen. Einige Bespiele hierfür sind Mehrfarbenlackierungen, Farbverläufe, Grafiken oder Muster. Die Ausführung setzt handwerkliches Geschick, Kreativität und Vorstellungskraft voraus. Beginnend beim Entwurf, um die Wünsche zu realisieren, bis hin zur Umsetzung und dem Oberflächenfinish, ist Handwerkskunst in Perfektion gefragt. Auch wenn die Industrie an Robotern experimentiert, die ohne Maskierung eine gestochen scharfe Linie lackieren können, oder bereits ganze Kunstwerke von einer Art überdimensionierten Drucker auf Oberflächen und Fahrzeuge aufgebracht werden können, ist hier doch in den meisten Fällen noch Handarbeit gefragt. So kann Beispielsweise durch eine lackierte Linienführung die wahrgenommene Form eines Fahrzeugs verstärkt oder verändert werden. Durch Farbkontraste können Bereiche hervorgehoben oder retuschiert, Fahrzeuge höher oder flacher, kürzer oder länger wirken. Wird ein Fahrzeug beispielsweise von oben nach unten zweifarbig hell und dunkel lackiert, wird damit die Wirkung massiv beeinflusst. Unten dunkel und oben hell, wirkt das Fahrzeug optisch höher. Wird die dunkle Farbe am selben Fahrzeug nach oben verlagert und der untere Bereich hell gestaltet, verhält es sich genau umgekehrt und das Fahrzeug wirkt optisch tiefer und flacher da der Fokus beim Betrachten automatisch auf den helleren Bereich gelegt wird. Daher ist für ein passendes Design einiges an Wissen über Farbwirkung und Farbkontraste nötig.

Die Designlackierung ist eine Kunstform, in der es so gut wie keine Regeln der Gestaltung gibt. Es kann der goldene Schnitt beachtet oder bewusst eben nicht beachtet werden. Das Licht kann wie in der Kunst üblich von oben links kommen, oder eben von unten rechts. Wichtig ist hierbei nur ein stimmiges Konzept, was letztendlich gefallen muss. Ebenfalls wichtig ist, was mit dem Design bewirkt werden soll. Es kann ein Fahrzeug optisch extrem aufwerten oder eben auch ruinieren. Designrichtungen und Stiele gibt es wie Sand am Meer. Als Beispiel dienen Candy-Lackierungen, welche oftmals mit eingebetteten Airbrusharbeiten, Mustern oder Linien kombiniert werden wie Abb. 2.10 und 2.11 zeigen. Hier wird vielfach auf einen monochromen Farbkontrast gesetzt, der eher dezent, elegant und edel wirkt. Hier wird ein Grundfarbton aufgetragen, anschließend werden die gewünschten Grafiken oder Muster ebenfalls im selben Farbspektrum aufgebracht. Abschließend wird das komplette Objekt mit einer Farblasur überzogen. Die Candy-Lacke werden mit speziellen Tinten anstatt Pigmenten gefärbt. Dadurch wird der Untergrund nicht überdeckt, sondern lediglich eingefärbt und die Gestaltungselemente sind weiterhin uneingeschränkt sichtbar. Ebenso gibt es die Liebhaber des sogenannten Rat Looks, auf deutsch „Ratte", welcher genau das Gegenteil bewirken soll. Je runtergekommener und zusammengebastelter ein Fahrzeug aussieht, je besser wie in Abb. 2.12 und 2.13 zu sehen. Hier darf nichts perfekt sein und nichts passen. Es wird verbaut und verbastelt, was der Baumarkt her gibt. Scharniere werden angeschweißt, Abwasserrohre angebracht, Ketten und Seile befestigt und Innenausstattungen zerfleddert oder entfernt. Fast immer sind diese Fahrzeuge entweder schlampig mit Farben beschmiert oder komplett von einer Korrosionsschicht überzogen, oftmals in Kombination mit auflackierten Warnzeichen oder

Abb. 2.10 Fahrzeug mit Candylackierung und Airbrush

Abb. 2.11 Fahrzeug mit Candylackierung und Airbrush

Logos, um den gewünschten Effekt zu erzielen. Daher findet man Aufträge zu diesem Style vermutlich eher selten bis überhaupt nicht in einem Lackierfachbetrieb. Diese beiden Beispiele könnten nicht unterschiedlicher sein, zeigen aber die vielen Facetten, welche im Bereich der Designlackierung möglich sind und ihre Fangemeinde haben.

Abb. 2.12 Fahrzeug im Rat-Look

Abb. 2.13 Fahrzeug im Rat-Look

2.4 Klarlack

Es gibt verschiedenste Arten von Klarlack, jedoch sollte bei aufwendigen Oberflächendesigns auf qualitativ hochwertige Produkte gesetzt werden. Für Designlackierungen bieten sich Klarlacke mit hohen Fülleigenschaften an, da hier vorhandene Unebenheiten deutlich leichter entfernt werden können. Aufgrund der entstehenden Höhenunterschiede der einzelnen Lackschichten werden Zwischenschliffe notwendig um die Oberfläche zu glätten. Diese Zwischenschliffe erfolgen in der Klarlackschicht und müssen vorsichtig und sorgsam durchgeführt werden. Oftmals sind auch mehrere Klarlackschichten und Schleifvorgänge notwendig um Unebenheiten komplett zu entfernen. Bei allen Zwischenschliffarbeiten ist zwingend darauf zu achten, keine Durchschliffstellen zu verursachen. Das bedeutet, dass an keiner Stelle die Klarlackschicht komplett entfernt und die Farbschicht darunter verletzt werden darf. Wenn überhaupt möglich, ist das Retuschieren sehr mühsam, zeitintensiv und erfordert viel Erfahrung. Ebenfalls muss die Klarlackschicht einen dauerhaften Schutz der Pigmente gewährleisten. Da viele der Effektpigmente sehr empfindlich sind, sind gerade hier wirkungsvolle UV-Blocker notwendig, um diese dauerhaft stabil zu halten, zu schützen und ein Verblassen zu verhindern. Klarlacke gibt es in verschiedenen Mattgraden, mit verschiedenen Trocknungseigenschaften, Hochglänzend oder auch als Soft-Klarlack mit einer Gummi ähnlichen Haptik. Letzterer lässt sich allerdings im Nachgang nicht mehr weiter bearbeiten und muss vor einer Neubeschichtung komplett entfernt werden. Daher kann Soft-Klarlack nur als letzte und abschließende Lackschicht eingesetzt werden, um eine samtig weiche, matte Oberfläche zu erhalten. Finisharbeiten sind hier ebenso wenig möglich wie bei Mattklarlacken. Daher ist hier absolute Sauberkeit wichtig, um Fehlstellen zu vermeiden. Trotzdem bietet Soft-Klarlack eine ganz neue Oberflächenhaptik.

Welcher Klarlack der am besten geeignetste ist, hängt vom jeweiligen Projekt und den Vorlieben des Anwenders ab. Da die forcierte Trocknung bei erhöhtem Schichtaufbau immer ein Risiko von Untergrundkochern birgt, lasse ich größere Flächen oder Objekte mit höherem Schichtaufbau gerne über Nacht trocknen. Hierfür setze ich einen Klarlack ein, der auch bei Raumtemperatur trocknet und keine Ofentrocknung voraussetzt. Gerade wenn es sich um Zwischenschliffschichten handelt, lege ich auch kein besonderes Augenmerk auf Oberflächenqualität, sondern eher auf Schichtstärke. Bei Objekten die in vielen Schichten aufeinander gestaltet werden, bietet es sich an, vor dem letzten Zwischenschliff und dem finalen Klarlackgang einige Zeit zu warten. So hat die aufgebrachte Lackschicht die Möglichkeit, die Restlösemittel ausgasen zu lassen. Dadurch setzen sich die Schichten und können einfallen. Je höher die aufgebrachte Lackschichtstärke, je mehr kann diese einfallen. Das bedeutet, die Lackschicht verdichtet sich durch das ausgasen der Restlösemittel, Konturen zeichnen sich wieder ab und die Oberfläche wird unruhig. Passiert dieses vor dem letzten Schliff, kann in diesem die Fläche wieder geglättet und Unebenheiten entfernt werden damit die Oberfläche später dauerhaft glatt, eben und glänzend bleibt. Ich habe schon einige Klarlacke verschiedenster Hersteller getestet und genutzt. Da fast jeder dieser Klarlacke andere Eigenschaften besitzt, sollte die Wahl des Produktes sorgsam getroffen werden. Für Zwischenschliffarbeiten werden hohe Fülleigenschaften gefordert. Für die Endbeschichtung ist wiederum ein glatter Verlauf, Beständigkeit und die Glanzeigenschaften entscheidend.

► **Tipp** Aktuell arbeite ich sehr gerne mit dem Autoclear® LV Superior Slow von Sikkens. Dieser verfügt über sehr gute Fülleigenschaften und ermöglicht dadurch einen hohen Schichtaufbau für Zwischenschliffarbeiten. Ebenfalls ist dieser sehr Standhaft, trocknet auch bei Raumtemperatur und verspannt sich zu einer Spiegelglatten Oberfläche. Diesen Klarlack nutze ich sowohl für Zwischenbeschichtungen, als auch für die finale Endbeschichtung um einen Dauerhaften Glanz zu erhalten.

2.5 Werkzeuge und Schutzausstattung

Hauptwerkzeug für Effekt- und Designlackierungen ist natürlich die Lackierpistole. Hier gibt es mehrere qualitativ hochwertige Hersteller, daher ist die Wahl der genauen Pistole einfach Geschmackssache. Tab. 2.1 zeigt einige Beispiele für Lackierpistolen und deren Verwendungszweck. Ich selbst nutze am liebsten die Modelle von SATA aus Kornwestheim. Hier nehme ich für Basislacke ein HVLP, für Klarlackierungen ein RP Modell. Gerade im Designbereich arbeite ich auch oft und gerne mit einer Pistole für Spot- und Smartrepair. Die 0,8 mm Düse lässt ein sehr feines Dosieren des Farbauftrags zu. Ebenfalls habe ich noch eine Dekor-Pistole mit 0,5 mm Düse für kleinere Flächen oder Schattierungen. Empfehlen kann ich zusätzlich noch die Nutzung einer Airbrushpistole mit Düsengröße 0,2–0,3 mm. Um diese hilfreich und wirkungsvoll einsetzen zu können, ist es nicht notwendig ein begnadeter Airbrushkünstler zu sein. Durch die kleine Düse und den sehr geringen Farbauftrag lassen sich Schatten, Lichteffekte und kleine Details schnell und einfach bearbeiten ohne direkt wieder dicke Lackkanten zu erzeugen. Aufgrund der geringen Düsengröße entsteht ebenfalls deutlich weniger Overspray, was den Abdeckaufwand um einiges geringer hält. Des Weiteren können Pinsel, Schwamm, Folie oder auch Buntmalstifte zum Einsatz kommen wie beispielhaft in Abb. 2.14 gezeigt wird. Hier ist absolute Kreativität gefragt. So kann mit einem Naturschwamm durch Tupfen sehr schnell und einfach eine Korallenlandschaft oder auch steinige oder sandige Strukturen entstehen. Auch ein Fliegengitter lässt sich wunderbar als Gitterschablone nutzen, ebenso wie ausgediente Obst- oder Gemüsenetze. Je nach Vorliebe kann die Farbe mit der Pistole, einem Schwamm, Pinsel oder Walze auf den Untergrund aufgebracht oder sogar mit den Fingern gespritzt oder aufgewischt werden. Hier ist erlaubt was gefällt, je nach gewünschtem Design wird die passende Technik gewählt.

Bei der Wahl der Lackierpistole kommt es in erster Linie darauf an, mit welchem Modell der Nutzer am besten umgehen kann. Um unnötigen Aufwand zu vermeiden, sind aber Eigenschaften wie eine einfache und schnelle Reinigung, feine Zerstäubung für weiche Farbverläufe und möglichst wenig Overspray von Vorteil. Empfehlen kann ich hier die Jet X von SATA welche Abb. 2.15 zeigt. Diese Lackierpistole ist leicht und liegt sehr gut in der Hand. Sie arbeitet leise, sehr gleichmäßig und besitzt eine extrem feine und homogene Zertäubung, welche gerade bei Farbverläufen sehr wichtig ist. Durch die feine Zerstäubung wird deutlich weniger Lackmaterial benötigt und die

Abb. 2.14 Beispiele für Werkzeuge

Abb. 2.15 Lackierpistole SATA Jet X

Oberflächenqualität steigt enorm. Auch die Zwischenreinigung bei Farbwechseln ist einfach und schnell durchführbar. Lediglich die Endreinigung ist hier etwas zeitintensiver, da die mattschwarze Oberfläche der Pistole doch etwas anfälliger und somit sehr schnell unschön anzusehen ist. Trotzdem ist die Jet X ein absolutes Spitzenwerkzeug. Ob im Basislack oder Klarlackbereich, diese Lackierpistole macht es dem Anwender wirklich einfach eine perfekte Oberfläche zu erschaffen. Ich nutze diese sehr gerne für größere Flächen, Grundbeschichtungen und speziell für die finale Endbeschichtung, um eine perfekte Oberflächenqualität zu erreichen. Für kleinere Oberflächen nutze ich die SATA Minijet 4400 welche Abb. 2.16 zeigt. Hier nutze ich ein HVLP Modell mit einer 0,8 SR Düse. Diese Pistole wird bei mir sowohl für Basislack als auch für Klarlackbeschichtungen an kleinen oder stark verwinkelten Objekten genutzt. Diese Allroundpistole ist eines meiner wichtigsten und am häufigsten genutzen Werkzeuge im Designlackbereich.

Abb. 2.16 Lackierpistole SATA Minijet 4400 B

Ebenfalls eine der wichtigsten Ausrüstungsgegenstände ist die persönliche Schutzausstattung die in Tab. 2.2 genauer aufgeführt wird. Da Lacke, Stäube und Lösemittel giftig sind, ist hier Vorsicht geboten, um auch langfristig Freude daran zu haben und die eigene Gesundheit nicht zu gefährden. Gerade die langfristigen Gesundheitsschäden durch Lösemittel und Stäube sind nicht zu unterschätzen. Daher muss bei allen Arbeiten darauf geachtet werden, sich selbst und die Umwelt nicht unnötig zu belasten.

Die hier aufgezeigten Produkte sind nur beispielhaft zu sehen. Es gibt auch vergleichbare Produkte anderer Hersteller, die ebenfalls für diesen Einsatzzweck konzipiert wurden und dafür geeignet sind unsere Gesundheit zu schützen.

Tab. 2.1 Verschiedene Arten von Lackierpistolen

Bild	Bezeichnung
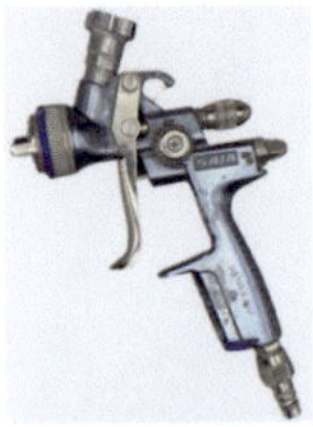	Füllerpistole, um im Lackaufbau Unebenheiten durch Füller oder Grundierung ausgleichen zu können. Bsp: SATAJet 100 BF RP o. Ä. 1,6 mm RP/HVLP Düse
	Lackierpistole für Klarlack oder Candylacke Bsp: SATAJet X 5500 RP, SataJet X, Iwata WS-400 Clear SR2 o. Ä.1,3 I oder O Düse/1,3 HD Düse
	Basislackpistole für den großflächigen Farbauftrag Bsp: SATAJet X 5500 B HVLP, SATAJet X, Iwata WS-400 Base o. Ä.1,3 I oder O Düse/1,3 OBSBasislacke
	Smartrepair-Pistole für kleinere Basislackflächen Bsp: SATA Minijet 3000 B HVLP, Minijet 4400 B o. Ä.0,8 SR HVLP/ RP Düse
	Decorpistole für Detailarbeiten oder SchattierungenBsp: SATA DEKOR Z, SATAJet 20 B, H & S Colani o. Ä.0,5 mm Düse
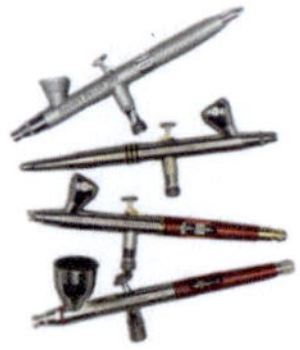	Airbrushpistole für feinste Details und Schattierungen Bsp: H & S Infinity/Ultra/Evolution, Iwata Custom Micron o. Ä.0,2- 0,3 mm Düse

Tab. 2.2 Beispiele für die persönliche Schutzausstattung

Bild	Bezeichnung
	• Lackierkabine mit Farbnebelabsaugung • Bodenabsauganlage/Staubabsauganlage bei sämtlichen Lackier- und Schleifarbeiten
	• Lackieranzug geschlossen bei sämtlichen Lackierarbeiten
	• Schutzhandschuhe beim Umgang mit Gefahrstoffen/Lacken/Reinigungsmitteln
	• Sicherheitsschuhe Schutzklasse S3 bei sämtlichen Arbeiten
	• Lackierschutzmaske z. B. 3M Jupiter/3M Versaflo/Dräger X-Plore/SATA Vision o. Ä. • Gebläseatemschutzsystem bei sämtlichen Lackierarbeiten mit Gefahrstoffen
	• Schutzmaske FFP2 bei allen Arbeiten mit staubenden Gefahrstoffen wie Schleif- oder Polierarbeiten

Farblehre 3

Inhaltsverzeichnis

Um ein in sich stimmiges Konzept entwerfen zu können, sollten Grundsätze der Farblehre bekannt sein. Johannes Itten definiert hier den Farbkreis aus den Grundfarben Rot, Gelb und Blau wie in Abb. 3.1 zu sehen. Des Weiteren definiert Itten sieben unterschiedliche Farbkontraste, welche man sich zu Nutze machen kann. Diese Kontraste und die Zusammensetzung des Farbkreises sind wichtige Grundinstrumente für jede Art von Farbdesign. Farben wirken auf den Betrachter sehr unterschiedlich und assoziieren verschiedene Emotionen. Genau dieses Phänomen kann man sich im Custom-Bereich zunutze machen. Nicht ohne Grund setzt Ferrari bis heute auf ein überwiegend rot lackiertes Erscheinungsbild. Rot wird oft mit Feuer, Gefahr, Leidenschaft, Temperament und Liebe in Verbindung gebracht. Betrachtet man das selbe Fahrzeug in zwei unterschiedlichen Farben, werden unterbewusst nur aufgrund der Farbgebung andere Emotionen entfacht. So wirken schwarz, weiß oder silberne Fahrzeuge eher dezent und elegant, knallig bunte eher auffällig, präsent, dynamisch und meist sportlich oder aggressiv. Durch das Wissen über die Farbwirkung und was diese im Betrachter auslösen, kann man einem Fahrzeug bereits dadurch bestimmte Emotionen verleihen. Die Farbwahl ist daher eines der elementarsten Entscheidungen, von der viele weitere Details abhängig sind. Hier sollte ebenfalls darauf geachtet werden, ob die gewünschte Farbe auch zum betreffenden Fahrzeug passt, denn nicht jedes Lackkleid passt zu jedem Fahrzeug. Je auffälliger und knalliger die Farbe, je mehr sollte entweder durch die Fahrzeugkonturen oder einem passenden Design die

A. Hagemann, *Lackdesign*, https://doi.org/10.1007/978-3-658-49380-6_3

Flächen gebrochen bzw. aufgelockert werden. Denn zu große Flächen in knalligen Farben erschlagen den Betrachter und erzielen eher eine negative Wirkung. Man stelle sich einen Mercedes Sprinter oder Fiat Ducato in einem Giftgrün oder Knallgelb vor. Ohne eine Auflockerung der Flächen durch Designelemente wie Werbeschriftzüge oder Linien wäre so ein Fahrzeug zwar absolut auffällig, aber nicht mehr unbedingt schön anzusehen. Bei einem Sportwagen allerdings passen diese Farben, auch ohne weitere Elemente problemlos, da hier die Formgebung bereits für genügend Unterbrechungen sorgt, um ein knalliges Farbkleid zur Wirkung zu bringen. Ebenfalls sollte bei Lackierungen mit verschiedenen Farben auf die Wirkung der beiden in Kombination geschaut werden. Durch die Kombination mit einer passenden Kontrastfarbe kann ein Objekt entweder stark aufgewertet, oder eben jede Wirkung zerstört werden. Bei Farben gleicher Intensität sollte darauf geachtet werden, keinen Flimmer-Kontrast zu erzeugen, da dieses für den Betrachter eher unangenehm wäre. Kombinationen aus bunten, reinen Farben und unbunten- oder auch Nicht-Farben wie Schwarz und Weiß sind unproblematisch und können in verschiedensten Kombinationen genutzt werden. Ebenfalls ist ein Hell-Dunkel Kontrast meist unproblematisch. Hier können unterschiedliche Farben genutzt oder ein Design im monochrome Farbkontrast, also einfarbige Abstufungen, gewählt werden. Monochrome Designs wirken etwas dezenter, aber edel und elegant.

3.1 Die sieben Farbkontraste nach Johannes Itten

Laut Johannes Itten erzeugen zwei oder mehr Farben in einem direkten Verhältnis zueinander, je nach Zusammenstellung, eine ganz neue Wirkung. Das bedeutet: Wird eine Farbe mit anderen Farben kombiniert, verändert sich ihre Farbwirkung. Beispielsweise wirkt Gelb freundlich und fröhlich . Wird Gelb aber mit Schwarz kombiniert, wirkt dieses nun eher gefährlich oder bedrohlich. Ebenfalls erhalten bunte Farben durch die Kombination mit unbunten Farben mehr Leuchtkraft und Brillanz. Er definierte einen Farbkreis wie Abb. 3.1 zeigt und sieben Farbkontraste in der Kunst, deren sich ein Designer bedienen kann, um das gewünschte Ergebnis zu erzielen. Welcher Kontrast hiervon gewählt wird, hängt ab vom gewünschten Ergebnis und wie ein Objekt oder eine Fläche gestaltet werden soll. Oft werden bei einem Design auch mehrere Kontraste miteinander kombiniert. Obwohl die Farblehre nach Itten auch kritisiert wird, ist sie dennoch ein fester Bestandteil der Farblehre. Ebenfalls gibt es, wie Abb. 3.2 zeigt, dass Farbmodell nach H. Küppers, welches deutlich umfangreicher ist, von acht Grundfarben ausgeht und auch schwarz und weiß mit ein bezieht. Allerdings ist dieses Farbmodell, welches sowohl Bildschirm- als auch Druckfarben abbildet, eher im Bereich der Mediengestaltung angesiedelt und angewandt. Es gibt noch weitere Farbenlehren von Goethe und Hickethier, diese sind aber nicht ganz so weit verbreitet.

Quellen: Küpper's Farbenlehre, Gestaltungskompetenz: Farbe (ZSL, Lehrkräftefortbildung) (Tab. 3.1)

Abb. 3.1 Farbkreis nach Johannes Itten, 1961

Abb. 3.2 Farbmodel nach H. Küppers

Tab. 3.1 Farbkontraste

Kontrast	Bild	Beschreibung
1. Farbe-an-sich-Kontrast oder auch Buntkontrast		Dieser Kontrast entsteht bei der Kombination von mindestens zwei reinen Farben. Je weiter diese auf dem Farbkreis auseinander liegen, je stärker wirkt der Kontrast
2. Hell-Dunkel-Kontrast		Hier werden helle und dunkle Farben gegenüber gestellt. Der stärkste Kontrast entsteht bei der Kombination aus Schwarz und Weiß
3. Kalt-Warm-Kontrast	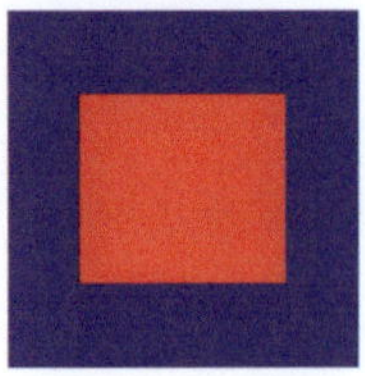	Da wir Farben in kalte und warme Farben unterteilen, lässt sich diese Wirkung auch bei der Gestaltung nutzen. Rot, Gelb und Orange gelten als warm, hingegen Blautöne als kalt. So lassen sich Unterschiede zwischen trocken und nass oder Sonne und Schatten gezielt ausdrücken
4. Quantitätskontrast oder auch Flächenkontrast		Hierbei geht es eher um Größen und Flächenverhältnisse. Warme, helle Farben werden stärker wahrgenommen als kalte und dunkle Farben. Daher spielt bei einer Kombination die prozentuale Aufteilung eine große Rolle, um ein ausgewogenes Verhältnis zu schaffen. Stimmt dieses Verhältnis nicht, wird eine der beiden Flächen deutlich schlechter wahrgenommen, die andere wiederum in Szene gesetzt

(Fortsetzung)

Tab. 3.1 (Fortsetzung)

Kontrast	Bild	Beschreibung
5. Komplementärkontrast	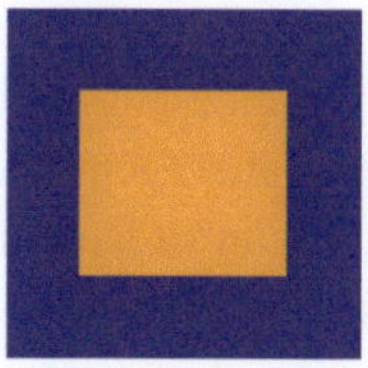	Ist eine extreme Form des Farbe an sich Kontrastes, da hier zwei sich im Farbkreis gegenüberliegende Farben kombiniert werden. Bei der Kombination zwischen Rot und Grün kann aufgrund einer Reizüberflutung der Augen ein Flimmerkontrast entstehen. Komplementärfarben ergeben physikalisch gesehen zusammen immer Grau
6. Qualitätskontrast		Hierbei werden Farben mit unterschiedlichem Reinheits- oder Sättigungsgrad kombiniert. Die Farbqualität kann durch Mischen mit weiß, schwarz, grau oder der Komplementärfarbe herabgesetzt werden. Ebenfalls durch Verändern der Helligkeit. Hiermit können elegante, monochrome Farbkontraste geschaffen werden
7. Simultankontrast		Hierbei entsteht ein optisches Phänomen. Die Umgebungsfläche beeinflusst hierbei die Farbe. Je nach Umgebungsfarbe wirkt die selbe Farbe entweder warm, kalt, hell oder dunkel. Daher nimmt jede Hintergrundfarbe auch Einfluss auf die restlichen Farbflächen. So wirkt der selbe Grauton auf dunklem Hintergrund heller, auf hellem Hintergrund dunkler. Ebenfalls wirkt dieser je nach Hintergrund eher gelblich, grünlich oder Ähnliches
Bunt-Unbunt Kontrast		Ist eine Sonderform des Qualitätskontrastes. Dieser wurde zwar gemäß Itten nicht als eigenständiger Farbkontrast definiert, spielt aber dennoch beim Design eine große Rolle. Durch die Mischung von bunten und unbunten Flächen lassen sich Formen gezielt verändern oder in Szene setzen

Ein gutes Verständnis dieser Kontraste ermöglicht es Künstlern, Werke zu schaffen, die sowohl spannend als auch ausgewogen wirken. Auch in der praktischen Anwendung sind Farbkontraste unerlässlich. In der Malerei sorgen sie für Tiefe, Betonung und Dynamik, während sie im Grafikdesign die Aufmerksamkeit lenken und die Lesbarkeit verbessern. In der Architektur und Raumgestaltung beeinflussen Farbkontraste, wie wir Räume wahrnehmen und können sie offener, gemütlicher oder kühler wirken lassen. Die Farbkontraste ermöglichen es Künstlern außerdem, eine direkte visuelle Kommunikation mit dem Betrachter herzustellen. Sie sprechen das Unterbewusstsein an und leiten den Blick gezielt durch ein Kunstwerk, ohne, dass zusätzliche Erklärungen oder Worte nötig sind. Insgesamt sind Farbkontraste für Künstler, Designer und Gestalter unverzichtbare Werkzeuge, um die visuelle Kraft ihrer Werke voll auszuschöpfen und die gewünschte Wirkung zu erzielen. Abb 3.3. und 3.4 zeigt ein Beispiel für die Wirkung eines monochromen, also einfarbigen Farbkontrastes in silbergrauen Farbtönen. Das selbe Fahrzeug, die selbe Grundfarbe und doch eine unterschiedliche Wirkung. Monochrome Farbkontraste, besonders mit unbunten Farben, sind meist deutlich dezenter wie bunte Kontraste.

Gerade im Bereich der Gestaltung können auch an einem Objekt mehrere Kontraste zusammen auftreten. Beispielsweise ist in vielen Fällen der Hell-Dunkel-Kontrast und der Farbe-an-sich-Kontrast aufgrund der Farbwahl gemeinsam vertreten. So zeigt Abb. 3.5 eine Kombination aus Farb-An-Sich-Kontrast und Kalt-Warm Kontrast. Auf Abb. 3.6, 3.7 und 3.8 sind Kombinationen aus Farb-An-Sich-Kontrast, Hell-Dunkel Kontrast und Bunt-Unbunt Kontrast zu sehen.

Abb. 3.3 Serienfahrzeug mit Werkslackierung

Abb. 3.4 selbes Fahrzeug mit Designlackierung

Abb. 3.5
Farb-an-sich-Kontrast und
Kalt-Warm-Kontrast

Abb. 3.6
Farb-An-Sich-Kontrast,
Hell-Dunkel-Kontrast.

Abb. 3.7 Farb-An-Sich-kontrast und Hell-Dunkel-Kontrast. Zusätzlich Bunt-Unbunt-Kontrast.

Abb. 3.8 Farb-An-Sich-kontrast und Hell-Dunkel-Kontrast. Zusätzlich Bunt-Unbunt-Kontrast.

3.2 Farbwirkung

Farben lösen Gefühle und Emotionen aus. Daher kann diese Farbwirkung gezielt bei der Gestaltung genutzt werden, um die gewünschten Empfindungen beim Betrachter auszulösen. Einige Beispiele hierfür zeigt die Tab. 3.2. Daher sollte dieser Bereich bei der Wahl der Farbgebung ebenfalls berücksichtigt werden, um den gewünschten Effekt zu erzielen. So wird die Farbe Rot beispielsweise als temperamentvoll, leidenschaftlich und heiß, aber auch gefährlich und aggressiv gesehen. Verbunden wird diese oft mit Liebe, Feuer, Risikobereitschaft, Mut oder auch Leidenschaft. Werden durch die passende Farbwirkung beim Betrachter Emotionen geweckt, entsteht eine unterbewusste und emotionale Verbindung zum Design. So gefällt es nicht nur optisch, sondern es entsteht ein Gefühl der Verbundenheit, welches deutlich einprägsamer und tiefgreifender ist als der alleinige optische Reiz. Tabelle 4 zeigt ein paar Beispiele für die Wirkung und Assoziationen von Farben. Beispielsweise zeigt Abb. 3.9 eine Flamme in natürlicher Färbung. Auf Abb. 3.10 wird die selbe Flamme, allerdings in anderer Farbgebung gezeigt. Obwohl beide Bilder dasselbe Motiv zeigen, empfindet man beim Betrachten dennoch Unterschiede. Die Flamme auf Abb. 3.9 wirkt heiß, die selbe Flamme auf Abb. 3.10 deutlich kühler. Dieses Beispiel zeigt, wieviel Einfluss Farben auf unser Empfinden haben.

Tab. 3.2 Beispiele für die Farbwirkung

	Blau steht für Ruhe, Vertrauen und Klarheit, kann jedoch auch für Kälte oder Distanz stehen. Sie wirkt beruhigend und ausgleichend, fördert Konzentration und Entspannung. Blau wird oft mit Loyalität und Frieden assoziiert
	Rot steht für Energie, Leidenschaft und Liebe, kann jedoch auch für Gefahr oder Aggression stehen. Sie wirkt anregend und aufregend, fördert Stärke und Selbstbewusstsein. Rot symbolisiert Wärme und Dringlichkeit
	Violett symbolisiert Mystik, Spiritualität und Kreativität, steht aber auch für Würde und Luxus. Sie wirkt beruhigend und inspirierend. Violett wird mit Intuition und Transformation assoziiert
	Orange steht für Energie, Lebensfreude und Kreativität, vermittelt aber auch Wärme und Geselligkeit. Sie wirkt aktivierend und aufmunternd. Orange symbolisiert Enthusiasmus und Optimismus
	Schwarz symbolisiert Eleganz, Macht und Geheimnis, aber auch Trauer und Endlichkeit. Sie wirkt schützend, kann jedoch auch Distanz schaffen, und erzeugt starke Kontraste. Ihre Bedeutung variiert je nach kulturellem Kontext

(Fortsetzung)

Tab. 3.2 (Fortsetzung)

	Gelb symbolisiert Licht, Optimismus und Freude, kann jedoch auch für Warnung oder Neid stehen. Sie wirkt anregend, fördert Kreativität und strahlt Wärme aus. Gelb wird oft mit Energie, Lebensfreude und Aufmerksamkeit verbunden
	Grün steht für Natur, Leben und Harmonie, symbolisiert aber auch Wachstum und Hoffnung. Sie wirkt beruhigend und ausgleichend. Grün vermittelt Frische, erzeugt Balance und wird oft mit Gesundheit assoziiert, kann aber auch giftig und gefährlich erscheinen

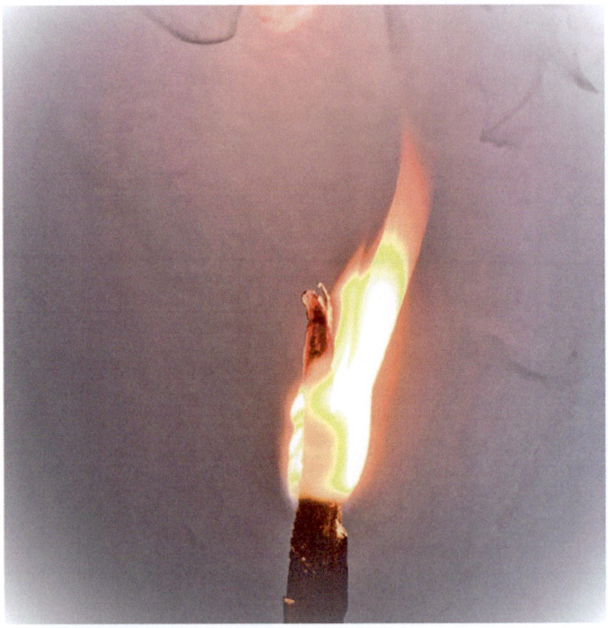

Abb. 3.9 Flamme in Naturfarben

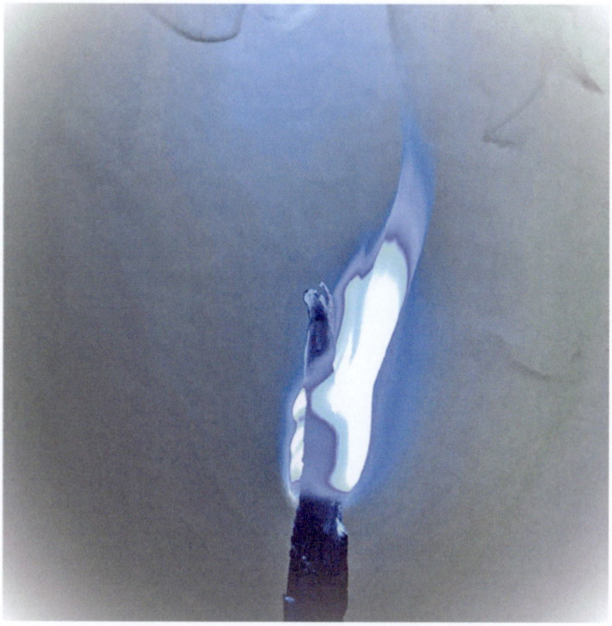

Abb. 3.10 Flamme im Blautönen

Effektlackierungen 4

Inhaltsverzeichnis

Wie bereits zu Anfang erwähnt, entsteht hier der Effekt durch spezielle Pigmente oder Lacke gemischt mit dem passenden Untergrund. Abb. 4.1 zeigt hier ein klassisches Beispiel des FlipFlop Pigments. Trotzdem sind diese teilweise sehr anspruchsvoll zu verarbeiten und setzen einiges an Können und Erfahrung voraus. Es werden sogar für spezielle Effektlacke eigene Schulungen zur Handhabung angeboten, um die Komplexität des Lacksystems zu verstehen und dieses richtig verarbeiten zu können. Als Beispiel hier dient LumiLor®, das Leuchtlack System des US Herstellers Darkside Scientific, welches in vier verschiedenen Schichten aufgebracht wird. Jede dieser Lackschichten muss exakt stimmen, um später auch das gewünschte Ergebnis zu bekommen. Um dieses System prozesssicher anwenden zu können, ist neben einer Schulung auch einiges an Erfahrung notwendig um letztendlich erfolgreich Lack zum Leuchten bringen zu können. Nachfolgend ein paar Beispiele für Effektlacke. Als Hinweis an dieser Stelle: einige der auf dem

A. Hagemann, *Lackdesign*, https://doi.org/10.1007/978-3-658-49380-6_4

Abb. 4.1 Beispiel für eine Effektlackierung mit FlipFlop-Effekt

Markt angebotenen Effektlacke entsprechen nicht der gültigen VOC-Verordnung und dürfen daher nur eingeschränkt verarbeitet werden. Ebenfalls gibt es aber eine Vielzahl von Effektpigmenten oder Konzentraten zu kaufen, mit denen sich selbst die gewünschten Lacke VOC-konform herstellen lassen. Auf diese Weise mische ich meine Candy's oder auch Effektlacke teilweise selbst, um diese exakt auf das Projekt abstimmen zu können. Dadurch sind den kreativen Möglichkeiten fast keine Grenzen mehr gesetzt und es entstehen unzählige Möglichkeiten für den Lackkünstler, sein Objekt passend in Szene zu setzen.

4.1 Sprühfolie

Ebenfalls zu erwähnen ist eine Sonderform der Oberflächengestaltung. Auch wenn es nicht zum eigentlichen Lackierhandwerk gehört, ist diese Variante doch näher am Lackierwesen wie an der Mediengestaltung. Gemeint ist die Beschichtung mit Sprühfolie, umgangssprachlich auch „Dippen" genannt. Hierbei wird eine spritzbare Folie mithilfe einer Lackierpistole auf die Oberfläche auf lackiert. Diese lässt sich, bei Bedarf, später wieder rückstandslos durch einfaches abziehen entfernen. Allerdings ist hierfür eine gewisse Mindestschichtstärke notwendig, um dieses zu gewährleisten. Meist werden vier Schichten Grundmaterial aufgebracht, danach dann noch mindestens zwei Schichten

Abb. 4.2 Smart wurde am Stück „Gedippt“

Effektmaterial, bei Bedarf, gefolgt von einer Klarbeschichtung. Die Verarbeitung hierbei ist dem von Fahrzeuglacken sehr ähnlich. Die größten Unterschiede liegen darin, hier keine Demontage von Bauteilen vor zu nehmen, sondern alles am Stück zu beschichten, wie auf Abb. 4.2 zu sehen ist. Teile, die nicht mit der Folie in Berührung kommen sollen, werden nicht demontiert sondern lediglich abgeklebt. Die Restbereiche werden vor der Beschichtung gründlich gereinigt, aber nicht geschliffen. Schließlich soll die Lackierung hierbei intakt bleiben, um nach Entfernen der Folie das ursprüngliche Erscheinungsbild zu besitzen. Es gibt bereits einige Hersteller dieser Materialien auf dem Markt, welche in ihrer Verarbeitung aber sehr ähnlich sind. Ebenfalls gibt es hier Effekt- und Farbpigmente, um fast jede denkbare Farbgestaltung zu verwirklichen. Als Beispiel hierfür dient Abb. 4.3, bei dem ein FlipFlop-Pigment zu Einsatz kam. Auch gestalterisch lässt sich einiges verwirklichen. Es können Konturen gesetzt werden, Dekos aufgebracht oder sogar mit der Airbrushtechnik auf der Folie gearbeitet werden. Allerdings lassen sich Unebenheiten nicht ausgleichen oder eben schleifen. Nach Abschluss der designgebenden Schichten erfolgt, bei Bedarf, der Auftrag eines klaren Mediums zur Endbeschichtung. Dieses kann sowohl matt, als auch glänzend gewählt werden. Zwar kommt der Glanzgrad und die Oberflächenbeschaffenheit nicht an eine Klarlackbeschichtung heran, lässt sich aber dennoch sehen und bietet eine wiederentfernbare Möglichkeit der Oberflächengestaltung.

Abb. 4.3 Felge mit Effektpigment

4.2 FlipFlop Lacke

FlipFlop Lacke benötigen meist einen passenden Vorlack, um den Effekt richtig zur Geltung zu bringen. In den meisten Fällen wird hier ein schwarzer Untergrund vorgegeben, um den maximalen Effekt zu erzielen. Aufgrund dessen werden sie im üblichen 3-Schicht-System verarbeitet. Um ein akkurates Ergebnis zu erzielen, ist hier ein wolkenfreier Auftrag der Effektlasur in mehreren dünnen Schichten wichtig. Flip-Flop Lacke gibt es in verschiedenen Varianten und Pigmentgrößen, unterschiedlichen Farbflops, Hologrammeffekten und in unterschiedlicher Anzahl der später zu erkennenden Farbtöne. Abb. 4.4 zeigt den Effekt Blau zu Grün, Abb. 4.5 den Effekt Rot zu Gold. Diese beiden Beispiele gehören zu den Klassikern im Bereich Flip-Flop Lackierung. Zusammenhängende Bauteile sollten auch so zusammenhängend lackiert werden, um einen gleichmäßigen Effekt zu erzielen und später ein einheitliches Erscheinungsbild zu erhalten. Ein Ausbessern bei Fehlstellen oder Beschädigungen im Nachgang nur sehr schwer möglich. Daher ist hier ein konzentriertes und sorgsames Arbeiten notwendig, um ein qualitativ hochwertiges Ergebnis zu erhalten.

Abb. 4.4 FlipFlop Effekt Grün zu Blau

Abb. 4.5 FlipFlop Effekt Rot zu Gold

4.3 Spinnfasereffekt

Der Spinnfasereffekt wird aufgrund seiner optischen Erscheinung so genannt. Es gibt ihn aber auch unter anderen Bezeichnungen, wie beispielsweise Marmoreffekt, zu kaufen. Hierfür wird der Effektlack auf den vorbereiteten Untergrund aufgesprüht bis das gewünschte Ergebnis erzielt wurde. Durch die sofort beginnende Trocknung des sehr dickflüssigen Lackmaterials, kommt diese nur noch in Fäden und Spritzern auf der Oberfläche an, klebt und trocknet dort fest. Nach der Durchtrocknung kann die Fläche mit Klarlack versiegelt werden. Ist eine Glatte Oberfläche gewünscht, sind hier mehrere Klarlackgänge mit Zwischenschliff notwendig. Mit den richtigen Produkten lässt sich dieser Lack auch selbst herstellen, dieses ist zwar aus wirtschaftlicher Sicht nicht unbedingt sinnvoll, da dieser Effektlack kostengünstig bereits fertig käuflich ist, kann aber aus designtechnischer Sicht dennoch notwendig sein. Den Spinnfaser-Effektlack gibt es in mehreren Farben zu kaufen. Da dieser aber oft als Marmoreffekt bezeichnet wird, beschränken sich die Farben auf Schwarz, Weiß und Grau. Ich habe diesen Lack auch schon in Silber oder Gold gesehen, allerdings bisher noch nicht in knallig bunten Farben. Möglich wäre es aber beispielsweise, bei einem schwarzen Hintergrund die weißen Spinnfasern mit einer Candylasur einzufärben, um den Effekt bunter zu gestalten. Alternativ muss der lack im passenden Farbton selbst gemischt werden. Diesen Lack gibt es in den oben genannten Farben auch in Spraydosen, was zusätzlich den zeitintensiven Reinigungsaufwand der Lackierpistole einspart. Die Abb. 4.6 zeigt weiße Spinnfasern auf schwarzem Untergrund.

► **Tipp** Es gibt von Zweihorn® einen Spinnfaserlack (SFL) für die Lackierpistole zu kaufen. Auch wenn dieses Produkt im Ursprung für den Möbelbereich entwickelt wurde, lässt sich dieser auf jedem lackierbaren Untergrund anwenden. Der große Vorteil hierbei ist, dass jede beliebige Farbe durch Zugabe des passenden Basislacks gemischt werden kann. Dadurch lassen sich auch giftgrüne oder pinke Spinnfasern erschaffen.

Abb. 4.6 Spinnfaserlack auf einer schwarzen Platte

4.4 Reisslack oder auch Krakeliereffekt

Dieser Effekt entsteht durch den falschen Umgang und der Reaktion des Lackmaterials. Auf einen noch weichen Untergrund wird ein schnellhärtender Lack überlackiert. Die Lösemittel aus dem Unterlack verflüchtigen sich langsamer und reißen dabei den bereits getrockneten Oberlack auf, wie Abb. 4.7 und Abb. 4.8 beispielhaft zeigen. Ebenfalls funktioniert dieses bei absoluter Überbeschichtung. Hierbei kann die aufgebrachte Schichtstärke nicht mehr korrekt durchhärten, da die Lösemittel aus dem Untergrund zu lange brauchen, und es nicht vor Trocknung der Oberfläche schaffen, dort zu verdunsten. Je dicker die Schicht, also je mehr eingeschlossene Lösemittel, je tiefer und größer werden die Risse. Aufgrund dessen lässt sich mit der Schichtstärke die Größe der Risse sehr einfach beeinflussen. Allerdings sollte der Reisslack nicht direkt in maximaler Schichtstärke auf den Vorlack aufgetragen werden, sondern mehrere Gänge nacheinander. Sobald die Schicht mit trocknen beginnt, wird die nächste Schicht darüber gelegt. Reisslack lässt sich auch mit handelsüblichem Kleister oder Holzleim herstellen. Hierfür auf den vorbereiteten Untergrund eine Schicht Kleister auftragen und überlackieren. Je dicker die Kleisterschicht, je tiefer und größer die Risse. Da es Reisslack, oder auch Krakelierlack,

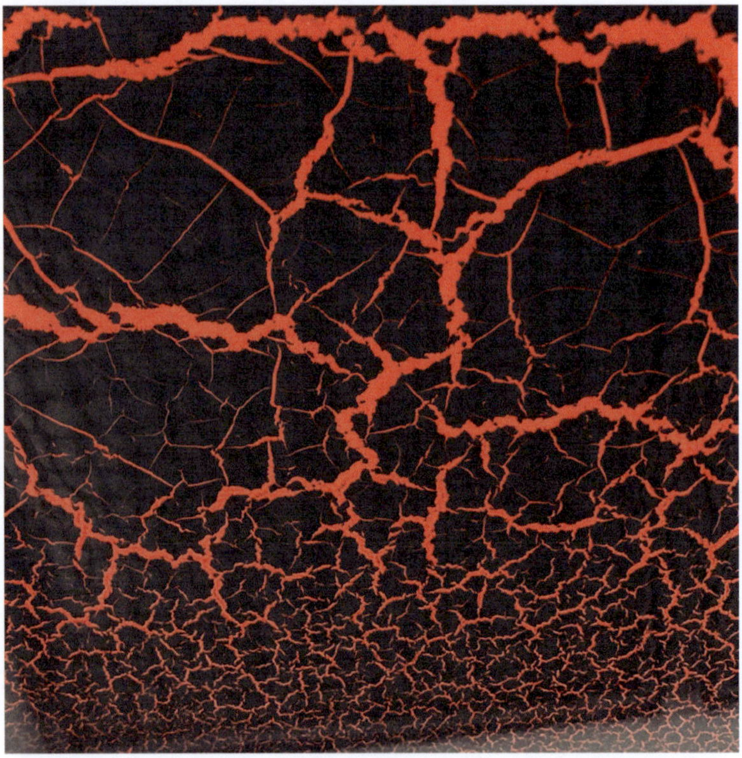

Abb. 4.7 Reisslack in schwarz auf rotem Untergrund

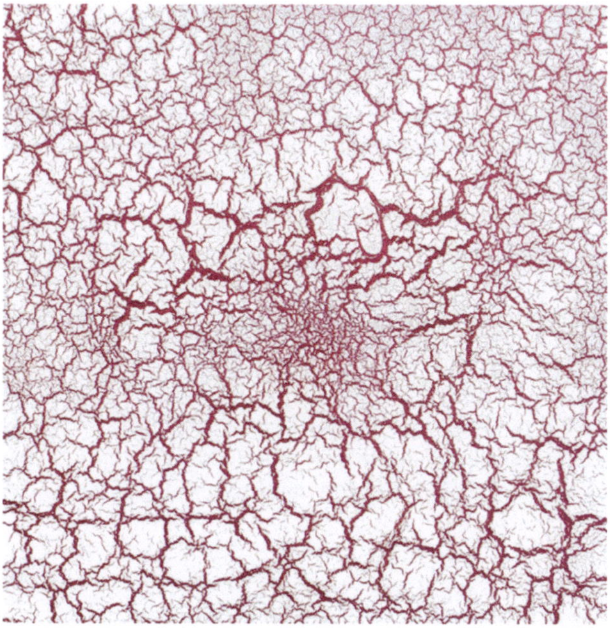

Abb. 4.8 Reisslack in weiß auf pinkem Untergrund

aber sowohl als Eimerware als auch als Spraydosen in unterschiedlichen Farben zu kaufen gibt, lohnt sich der Aufwand diesen mit Kleister selbst herzustellen nicht mehr. Die Anordnung und Verläufe der Risse lässt sich während der Trocknung bedingt beeinflussen. Hierfür kann durch Druckluft die Oberfläche schneller trocknen und dadurch die Rissbildung verändert werden.

4.5 Rosteffekt

So edel dieser in manchen Bereichen erscheinen mag, ist Rost dennoch der Feind aller Fahrzeugliebhaber. Trotzdem werden gerne Kunstobjekte oder auch Dekorationsgegenstände in ein Rostbraunes Farbkleid gehüllt, um dem Objekt einen speziellen Charme zu verleihen. Ebenfalls ist dieser Effekt im Bereich des Rat-Look sehr beliebt, um die Fahrzeuge alt, verwittert und runtergekommen erscheinen zu lassen. Abb. 4.9 zeigt eine mit Rostlack beschichtete Holzplatte. Eigentlich lässt sich der gewünschte Effekt, zumindest auf Metalloberflächen, sehr einfach erzielen. Abschleifen, ins Freie legen und Abwarten genügt. Allerdings lässt sich bei dieser Methode das Fortschreiten der Roststellen und Flächen nicht mehr kontrollieren und die Korrosion zerstört das Objekt im Laufe der Zeit. Zusätzlich kann diese Variante nur bei Eisenmetallen angewendet werden, was die Nutzbarkeit doch massiv einschränkt. Um aber auch Kunststoffe, Holz, Aluminium und sonstige nicht eisenhaltigen Stoffe zum Rosten zu bringen, gibt es mittlerweile verschiedene Lacke auf dem Markt. Manche nutzen gezielte Farbtöne, welche ineinander

Abb. 4.9 Holzplatte mit Rost

geschmiert werden, um die farbliche Optik zu erhalten. Manche setzen auf bestimmte Bestandteile, um eine rostähnliche Optik oder Haptik zu bekommen.

> **Tipp** So einen Rostlack kann man aber auch ganz einfach und kostengünstig selbst herstellen.

Hierfür wird nur ein transparenter Binder und Eisenpulver benötigt wie Abb. 4.10 zeigt. Diese beiden Bestandteile werden miteinander vermischt (Abb. 4.11) und auf die Oberfläche aufgetragen. Eisenpulver gibt es in unterschiedlicher Partikelgröße. Je nach gewünschter Auftragungsart kann diese passend gewählt werden. Soll der Lack mit der Lackierpistole aufgebracht werden, ist ein sehr feines Pulver von Vorteil, um die Düse nicht zu verstopfen und ein gleichmäßiges Vermischen des Lackes zu vereinfachen. Soll die Oberfläche eher uneben und rau werden, sollten gröbere Eisenteilchen gewählt werden. Der Binder trocknet, haftet auf dem Untergrund und hält das Eisenpulver in Form. Da aber immer auch Eisenpulver an der Oberfläche klebt, welches nicht vom Binder umhüllt ist, beginnt dieses nun zu rosten. Somit entsteht eine Oberfläche aus echtem Rost, welche aber nicht in den Untergrund vordringen kann. Bei metallischen Flächen oder Gegenständen sollte trotzdem auf eine absolut fehlstellenfreie Korrosionsschutzgrundierung geachtet werden.

Abb. 4.12 zeigt wie die Mischung aus Binder und Eisenpulver mit Pinsel oder Walze aufgetragen werden kann. Beim Verarbeiten mit der Spritzpistole ist auf die passende Viskosität und Düsengröße im Verhältnis zur Eisenpartikelgröße zu achten. Um ein möglichst realistisches Farbenspiel zu bekommen, sollte die Mischung nicht gleichmäßig sondern unterschiedlich dick aufgetragen werden. Hier kann auch zu Anfang mit dem Pinsel gearbeitet und final nochmal die gesamte Fläche mit der Lackierpistole beschichtet

Abb. 4.10 Bestandteile Rostlack

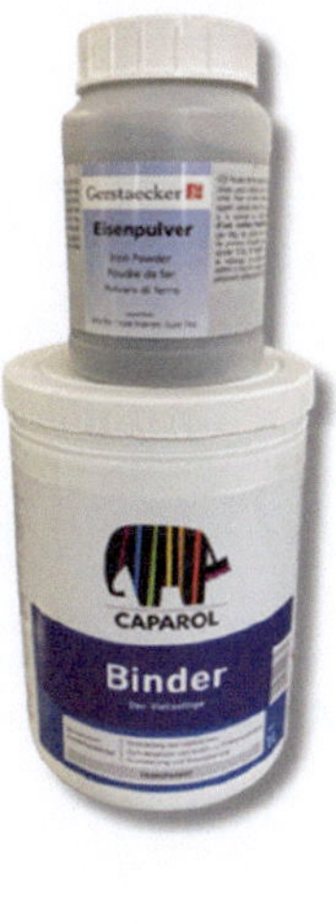

Abb. 4.11 Mischen des Rostlacks

Abb. 4.12 Auftragen des Rostlacks

Abb. 4.13 Aktivieren des Rostlacks

werden. Um die gewünschte Korrosion nun zu aktivieren, kann diese entweder der Witterung ausgesetzt, oder wie in Abb. 4.13 mit einem Aktivator benetzt werden. Für diese Aktivatorflüssigkeit mische ich Wasser mit Speisesalz und Essigsäure und besprühe die gewünschte Fläche mit dieser Lösung. Innerhalb weniger Stunden beginnt der Korrosionsprozess wie Abb. 4.14 zeigt und lässt alle gewünschten Objekte über Nacht in Rostbraun erstrahlen.

Noch mehr Farbvielfalt bekommt man, wenn die Mischung noch nicht an allen Stellen getrocknet ist, bevor der Aktivator erstmals aufgesprüht wird wie Abb. 4.15 zeigt. Hier kann je nach Geschmack, Lust oder Laune experimentiert werden. Mit diesem Rostlack lassen sich in kürzester Zeit Flächen mit einer natürlichen Rostschicht überziehen. Abb. 4.16 zeigt beispielhaft einen Roller, bei dem alle Kunststoffteile mit diesem Lack beschichtet wurden. Da es sich um natürlichen und echten Rost handelt, neigt die Oberfläche dazu abzufärben und besitzt die selbe Charaktereigenschaften wie natürlich entstandener Rost. Daher ist dieser Lack zwar dekorativ, jedoch ungeeignet für Lebensmittelbereiche oder Gegenstände des Hygienebereichs.

Aktivator, ca. Angaben 250 ml Wasser, 2 TL Speisesalz, 50 ml Essigessenz.

Abb. 4.14 Eine Stunde nach Aktivierung des Rostlacks ist die Verfärbung bereits deutlich zu erkennen

Abb. 4.15 Rostlack nach einem Tag

Abb. 4.16 Kunststoffteile eines Rollers rosten

4.6 Kristalleffekt

Oder auch besser bekannt unter dem Produktnamen: „Crystal FX". Bei diesem Effektlack kommt es auf die richtige Menge an, um den gewünschten Effekt zu erzielen. Daher ist hier etwas Übung und Erfahrung notwendig und sollte im Vorfeld ausgiebig getestet werden. Um diesen Effekt zu erzielen wird eine Flüssigkeit auf den vorbereiteten Untergrund aufgesprüht. Diese bildet während der Trocknung Kristalle. Um die Flüssigkeit aufzutragen kann entweder eine Zerstäuberflasche, eine Lackierpistole oder auch ein Lappen oder Tuch genutzt werden. Wird die Flüssigkeit mit einem durchtränkten Tuch aufgetragen, sollte auf eine gleichmäßige Benetzung der Oberfläche geachtet werden. Nach der Trocknung wird die Fläche dünn mit einer Kontrastfarbe übernebelt. Im Anschluss werden die Kristalle, welche letztendlich nur als Maskierung dienen, von der Oberfläche abgewaschen. Den fertigen Effekt zeigt Abb. 4.17. Man kann hierfür diverse Produkte von unterschiedlichen Herstellern kaufen. Aber es ist auch möglich, sich diese Flüssigkeit selbst herzustellen. Hierfür benötigt man lediglich AdBlue, welches normalerweise zur Abgasreinigung von Dieselfahrzeugen dient, Urea, das ist Harnstoff, welcher in der Apotheke zu bekommen ist, Isoprophanol, also reinen Alkohol und ein paar Tropfen Spülmittel, um die Oberflächenspannung zu zerstören. Wichtig ist hierbei, dass für die Kontrastfarbe, welche übernebelt wird, kein Wasserbasislacksystem verwendet wird. Da die Kristalle am Schluss mit Wasser abgewaschen werden, wäre damit der Effekt dahin. Hierfür muss also entweder ein konventionelles Lacksystem genutzt werden oder es wird ganz einfach zur Spraydose gegriffen. Den Untergrund wie gewohnt schleifen und reinigen, dann die Mischung dünn, gleichmäßig und geschlossen auf die Oberfläche auftragen. Anschließend trocknen lassen. Während dem Trocknungsvorgang lässt sich die Kristallbildung klar erkennen wie in Abb. 4.18 erkennbar ist. Mit viel Übung lässt sich die Kristallanordnung und -bildung sogar beeinflussen.

Hierfür muss im richtigen Augenblick des Trocknungsprozesses, wie in Abb. 4.19, mit einer Metall- oder Holzspitze, das Kristallzentrum vorgegeben werden. Die Spitze vorher kurz in Urea halten oder reiben, da das Urea die Aktivierung der Kristallbildung auslöst. Eine Holzspitze saugt zudem etwas von der Flüssigkeit auf. Durch die dadurch entstandene geringere Schichtstärke beginnt die Trocknung an diesem Punkt schneller und der Kristall bildet sich um die Holzspitze. Hierfür ist wirklich Übung notwendig, um den richtigen Trocknungspunkt zu finden. Sticht man im richtigen Augenblick die Oberfläche an, bildet sich ein Kristall, um die in Urea getauchte Spitze. Allerdings verursacht dieses später unter Umständen sichtbare Punkte im Kristallmuster. Daher wähle ich meist die natürliche Trocknung und lasse mich vom Ergebnis überraschen. Sollte dieses einmal nicht gefallen, lassen sich die Kristalle ja problemlos mit Wasser abwaschen und man kann einen neuen Versuch starten. Nachdem die komplette Flüssigkeit wie in Abb. 4.20 getrocknet ist, wird die Oberfläche nun ganz dünn mit einer Kontrastfarbe übernebelt wie in Abb. 4.21 zu sehen. Wichtig hierbei: wirklich nur dünn, da sich die Kristalle ansonsten im Nachgang nur noch sehr schwer abwaschen lassen oder das Muster durch den erschwerten Abwaschvorgang beschädigt wird. Ich nutze hierfür meist handelsübliche Spraydosen. Nach dem Trocknen der Kontrastfarbe, wird nun alles mit Wasser abgewaschen. Nachdem die Fläche final gründlich mit Wasser gereinigt und alle Kristallspuren

Abb. 4.17 Kristalleffekt schwarz auf Mystik-Silber

Abb. 4.18 Beginnende Kristallbildung an den Rändern

Abb. 4.19 Beeinflussen der Kristallstruktur

Abb. 4.20 Getrocknete Kristallschicht

entfernt wurden wie in Abb. 4.22 zu sehen, kann der erste Klarlackgang erfolgen. Im Anschluss kann die Fläche, je nach Vorliebe, auch noch mit Candylacken eingefärbt oder auf andere Art und Weise zusätzlich veredelt werden.

Kristalleffekt

300 ml AdBlue, 11 Teelöffel Urea, ca. 50-60 ml Isoprophanol, 1 Tropfen Spülmittel

Diese Mischung kann durch mehr oder weniger Urea verändert werden, um die Größe der Kristalle zu beeinflussen. Hier am besten selbst testen, welche Mischung und Kristallgröße den eigenen Wünschen entspricht. Fertige Mischung ist nur begrenzt lagerfähig.

Abb. 4.21 Mit Kontrastfarbe übernebelt

Abb. 4.22 Fertiger Kristalleffekt

4.7 Flakes

Schillernd, glitzernd und auffallend, in verschiedensten Farben und Effekten erhältlich, sind Flakes auch heute noch sehr beliebt. Zwar war die Glanzzeit dieser groben Glitzerteilchen eher in den Achtzigern und Neunzigern, finden sie dennoch auch heute noch Verwendung. Angefangen im Schaustellergewerbe und deren Fahrgeschäften. Keine Kirmes ohne Glitzer und Glimmer. Maximal auffallen ist hier die oberste Priorität wie auf Abb. 4.23 verdeutlicht wird. Bei der Verarbeitung der Flakes sind in Farbe, Effekt und Größe der Metallteilchen unzählige Möglichkeiten auf dem Markt. Die Verarbeitung ist auch mit einer normalen Lackierpistole möglich, wobei dieses nur bis zu einer bestimmten Größe der Flakes möglich ist. Sind die Flakes zu groß, passen diese nicht mehr durch die Düse und verstopfen die Lackierpistole. Es sollte allerdings auf einen gleichmäßigen Auftrag geachtet werden, um keine Flecken entstehen zu lassen. Flakes können entweder dem Klarlack beigemischt werden, wobei hier ständig darauf geachtet werden muss, dass diese sich nicht in der Pistole absetzen. Zusätzlich entsteht hierbei sehr schnell eine Überbeschichtung bei dem Versuch, die Flakes gleichmäßig und dicht aufzubringen. Deutlich leichter geht es mit eigens konstruierten Werkzeugen zum Aufblasen der Flakes in die

Abb. 4.23 Flakes auf einer Musterplatte

Abb. 4.24 Flakes mit Hologrammeffekt

Abb. 4.25 Zierlinien mit Flakes

nasse Lackschicht. Diese Flake-Pistolen wie beispielsweise des Herstellers Flake King sind genau für diese Arbeiten konstruiert, pusten die Flakes in die nasse Lackschicht und können mit jeder Art von Flakes genutzt werden. Je gröber die Flakes, je extremer die Wirkung im Sonnenlicht. Gerade Hologrammeffekt-Flakes wirken im Sonnenlicht besonders effektvoll wie in Abb. 4.24 zu sehen ist. Auch als Zierlinie oder Details können Flakes optimal genutzt werden, was Abb. 4.25 zeigt. Allerdings wird die Oberfläche mit zunehmender Größe auch spürbar rauer, was zu einem deutlichen Mehraufwand in Form von Klarlackschichten und Zwischenschliffen führt, um die Oberfläche wieder zu glätten.

4.8 Candylacke

Diese Lacke sind transparente Farblacke, um Oberflächen einzufärben ohne diese abzudecken wie Abb. 4.26 zeigt. Leider werden auf dem Markt viele Lacke mit dieser Bezeichnung angeboten, aber nur wenige davon sind echte Candy's. Der Unterschied zwischen einem echten Candylack und normalen Basislacken liegt im Farbstoff. Während normale Basislacke durch Pigmente eingefärbt werden, kommen bei echten Candylacken Farbtinten zum Einsatz. Diese haben den Vorteil, dass sie stark färben, aber nicht abdecken, im Gegensatz zu Pigmenten. Somit kann ein Untergrund oder Decor, wie in Abb. 4.27, damit eingefärbt werden, ohne, dass die Sichtbarkeit darunter leidet wie Abb. 4.28 zeigt. Der Name lässt sich vermutlich auf Süßigkeiten zurück führen, da die Candylacke aufgrund ihrer enormen Tiefenwirkung und den leuchtenden Farben an knallig bunte Bonbons erinnern. Oft tragen die falschen Candylacke ebenfalls diese Bezeichnung, allerdings nur aufgrund der meist knalligen Farbgebung. Diese haben aber mit echten Candy's nichts gemeinsam, sondern sind lediglich halbdeckende Basisfarben. Sie benötigen zwar oft auch einen passenden Vorlack, dieser ist aber großteils nur aufgrund der schlechten Deckeigenschaft notwendig. Die Bezeichnung Perlmuttlasur, ähnlich einem normalen 3-Schicht-System, wäre deutlich zutreffender. Echte Candylacke bieten unzählige Gestaltungsmöglichkeiten. Ein Decor oder eine Grafik kann in jeder beliebigen

Abb. 4.26 Candylack auf Silber

Farbe abgetönt, Effektlacke oder kreative Lacktechniken können noch weiter veredelt werden, wie Abb. 4.29 am Beispiel eines Motorrades zeigt. Hier wurde die Verkleidung erst Silber lackiert. Es folge das Aufmalen der Schuppen mit Schwarz und Weiß. Anschließend wurde alles mit blauem Candylack eingefärbt. Im Anschluss wurde noch eine Airbrushgrafik aufgebracht. Mit dem selben Vorgehen, mit Ausnahme der Schuppen, wurde auch der Roller auf Abb. 4.30 gestaltet. Der Untergrund bleibt komplett sichtbar und wird nur eingefärbt. Dadurch wirken Candylacke besonders auf silbernen Untergrundfarben, da hier die Reflexionseigenschaften der Metallteilchen erhalten bleibt. Wichtig beim Umgang mit Candylacken ist ein genaues und konzentriertes Arbeiten. Da sich die Farbgebung ständig paralell zur Schichtdicke verändert, muss hier penibel darauf geachtet werden, keine Überlappungen und damit Streifen zu lackieren. Vergleichbar ist Candylack am ehesten mit Transparentpapier, aus dem Fensterbilder oder Laternen gebastelt werden. Je mehr

Abb. 4.27 Motiv in Schwarz und Weiß

Abb. 4.28 Das selbe Motiv mit Candylack eingefärbt

Abb. 4.29 Motorrad mit Airbrush und Candylack

Abb. 4.30 Roller mit pinkem Candylack und Airbrush

dieses Papiers übereinander gelegt wird, je dunkler wird die Farbe und je weniger Licht kommt durch. Meist schreibt der Hersteller des Lackes auch einen erhöhten Spritzdrück vor, dieser ebenfalls eingehalten werden sollte, um ein wolkenfreies Ergebnis zu erhalten. Auch ist äußerste Vorsicht bei Zwischenschliffarbeiten geboten, da Durchschliffstellen

Abb. 4.31 Monochrome Gestaltung einer Motorhaube

nicht mehr ausgebessert werden können. Werden diese Punkte beachtet, bieten Candylacke eine ganz neue Möglichkeit der Oberflächengestaltung. Sehr gut geeignet sind diese für monochrome Gestaltungen wie Abb. 4.31 deutlich zeigt. Es wurde auf einem silbernen Untergrund Grafiken und Beschriftung in Schwarz und Weiß aufgebracht. Anschließend wurde alles mit grünem Candylack überzogen.

4.9 Thermochromlacke/Farbwechsellacke

Bei diesem speziellen Pigment wechselt das Objekt bei Temperatureinwirkung die Farbe, beziehungsweise wird dieses transparent und lässt den Untergrund wieder erscheinen, wie Abb. 4.32 zeigt. Hier wurde eine mit Thermochromlack beschichtete Platte mit heißem Wasser übergossen. Der Effekt funktioniert auch umgekehrt wie Abb. 4.33 verdeutlicht. Hier wurde die selbe Platte erwärmt und der Untergrund war Flächendeckend zu sehen. Anschließend wurde kaltes Wasser auf die Platte gegossen, was zum Abkühlen und der Farbveränderung führte. Thermochrompigmente gibt es in verschiedenen Farben und Temperaturbereichen. Bekannt sind diese aus den Internetvideos der hochpreisigen Supersportwagen, welche, mit heißem Wasser übergossen, ihre Farbe ändern oder ein Design erscheinen lassen. Ebenfalls bekannt sind die Farbwechseltassen, Stimmungsringe oder auch Modellautos. Der Effekt der Thermochromie ist bereits seit den Siebziger Jahren

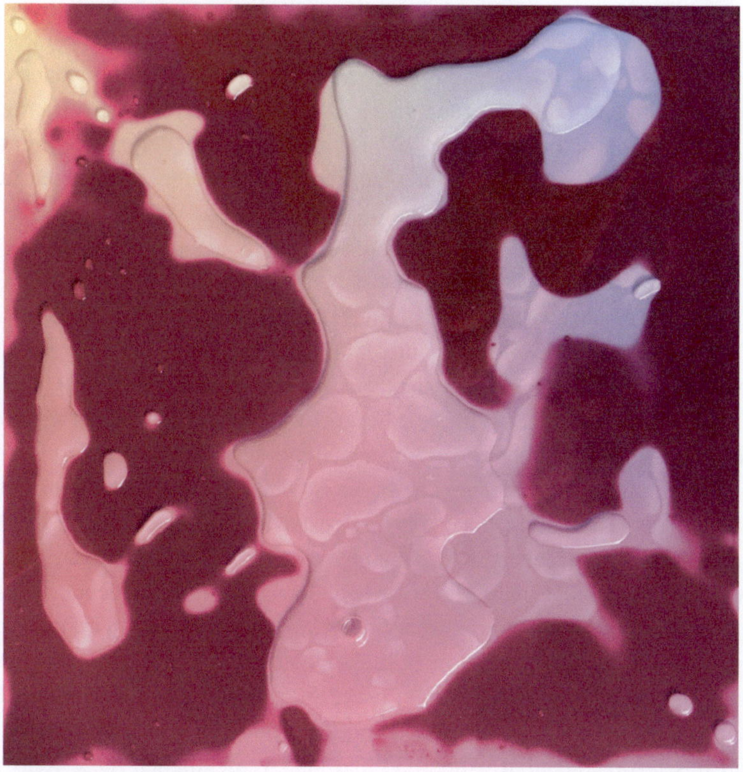

Abb. 4.32 Thermochromlack mit gestaltetem Untergrund

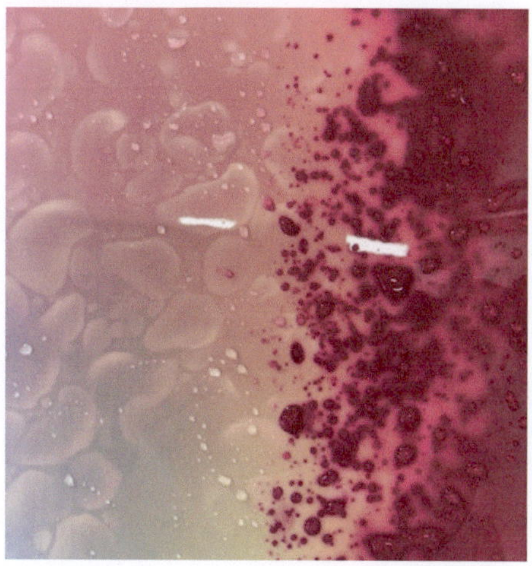

Abb. 4.33 Thermochromlack mit kaltem Wasser

bekannt und wurde seitdem ständig weiterentwickelt. Es beschreibt Stoffe, die Moleküle enthalten, deren Anordnung oder Struktur sich bei unterschiedlichen Temperaturen ändert. Dadurch wird das Licht, dass auf das Material trifft, anders reflektiert oder absorbiert, was zu einer sichtbaren Farbänderung führt. Es gibt zwei Typen von Thermochromie, allerdings ist für Lacke nur einer davon geeignet, nämlich der Leuco-Farbstoff. Der Leuco-Farbstoff besitzt zwei chemische Zustände. Der farbige Zustand entsteht durch eine bestimmte Anordnung der Moleküle, die Licht auf eine Weise absorbiert, dass eine bestimmte Farbe sichtbar wird. Im farblosen Zustand verändert sich die Molekülstruktur durch Temperatur, wodurch das Material weniger Licht absorbiert und dadurch farblos oder andersfarbig erscheint. Eigentlich besteht diese Farbe auch nicht aus Pigmenten, sondern aus sehr kleinen Kapseln. In diesen Kapseln befinden sich jeweils drei Komponenten, die winzige Kapsel selbst dient hierbei als Schutzhülle. Die Bestandteile der Kapseln sind Lösemittel, Farbstoffmolekül und ein Farbentwickler in Form einer organischen Säure. Das Farbstoffmolekül verbindet sich mit der Säure und absorbiert sichtbares Licht einer bestimmten Wellenlänge. Die Farbe ist sichtbar. Durch die Temperatureinwirkung verändert das Lösemittel seinen Aggregatzustand und aktiviert die Farbveränderung. Säure und Farbmolekül trennen sich, dadurch verändert sich die Struktur des Moleküls und es wird fast kein Licht mehr absorbiert, sondern reflektiert, beziehungsweise durchgelassen. Das sichtbare Licht dringt bis auf den Untergrund vor und wird nun von diesem absorbiert. Dadurch wird die Farbe nicht mehr sichtbar und der Untergrund kommt zum Vorschein. Nur reflektiertes Licht erreicht unser Auge und ist für uns sichtbar. Durch die Absorption von bestimmten Wellenlängen und Reflexion von anderen, werden bestimmte Farben für unser Auge sichtbar. Abb. 4.34 und 4.35 verdeutlichen diese Reaktion nochmal. Auf Abb. 4.34 wird eine Hand auf die Platte gelegt. Alleine die Körperwärme reicht bereits aus, um den Effekt zum Vorschein zu bringen, wie Abb. 4.35 zeigt. Soll ein Objekt mit einem Thermochromieeffekt überzogen werden, ist dieses eigentlich recht

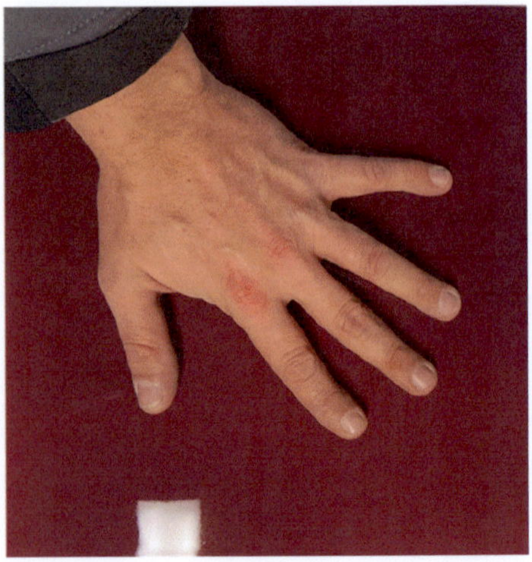

Abb. 4.34 Thermochromlack wird mit Hand berührt

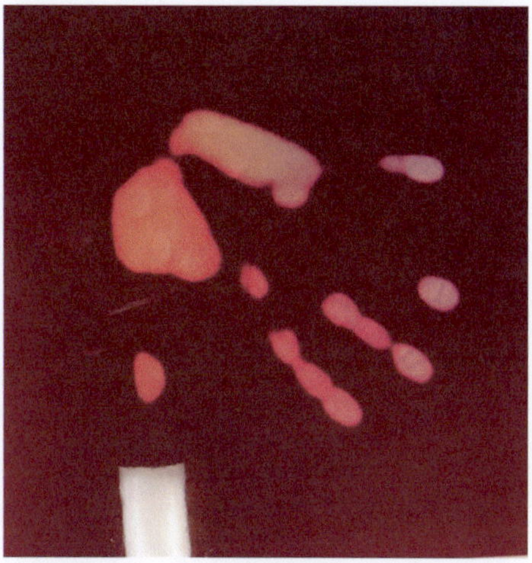

Abb. 4.35 Thermochromlack mit Farbveränderung

einfach zu realisieren. Hierfür wird zuerst der Untergrund nach Vorliebe gestaltet und mit Klarlack versiegelt oder der bereits vorhandene Untergrund genutzt. Anschließend wird dieser angeschliffen und mit dem Thermochromlack in mehreren dünnen Schichten überlackiert. Je knalliger die Farbe, je heller sollte der Untergrund sein, damit die volle Farbwirkung zur Geltung kommt. Da die meisten Thermochromlacke nicht stark deckend sind wie Abb. 4.37 zeigt, müssen erfahrungsgemäß mindestens vier bis sechs Schichten aufgetragen werden, um den Untergrund abzudecken. Werden dunkle Thermochromiefarben genutzt, werden weniger Schichten benötigt, als bei der Nutzung von hellen Farben. Bei der Verarbeitung sollte auf die Umgebungstemperatur geachtet werden, da bei zu hoher Temperatur das Ergebnis nicht mehr sichtbar ist. Ebenfalls sollte bei der Untergrundgestaltung auf klare Konturen und Farbtonabstufungen geachtet werden. Ein Beispiel für die Untergrundgestaltung zeigt Abb. 4.36. Der Thermochromlack wird später nicht komplett unsichtbar, sondern hinterlässt einen milchig trüben Schleier auf der Oberfläche. Dieses lässt sich gut erkennen, vergleicht man Abb. 4.36 vor der Beschichtung mit Thermochromlack und Abb. 4.33 nach der Beschichtung. Bei der Nutzung von kräftigen Untergrundfarben fällt dieses nicht so schwer ins Gewicht. Bei der Nutzung von zarten Pastelltönen können diese aber unter Umständen untergehen und nicht mehr zur Geltung kommen. So interessant dieser Effekt auch ist, so schnell geht er leider auch wieder verloren. Ich habe bereits mehrere Pigmente und Lacke mit dieser Eigenschaft getestet, jedoch noch kein Produkt gefunden, was wirklich dauerhaft stabil bleibt und seinen Effekt behält. Je nach Temperaturschwankungen verliert sich der Effekt teilweise innerhalb weniger Wochen. Somit ist diese Variante der Oberflächengestaltung nur für sehr temporäre Einsatzmöglichkeiten wie Messen oder Ausstellungen zu Gebrauchen oder für Objekte, die keinen ständigen Temperaturschwankungen unterliegen. Gerade starke Sonneneinstrahlung ist, trotz starken UV Blockern, absolutes Gift für diese Pigmente und zerstört den Effekt innerhalb kürzester Zeit. Zu Testzwecken habe ich ein Farbmuster

Abb. 4.36 Untergrundgestaltung

angefertigt und dieses im Sommer auf meiner Terasse gelagert. Tagsüber war der Untergrund sichtbar, Nachts kam die Farbe des Thermochromlackes zum Vorschein. Immerhalb von acht Tagen war der Effekt verloren und das Muster unbrauchbar. Ob dieser kurzzeitige Effekt den Lackieraufwand wert ist, muss jeder für sich selbst entscheiden. Vielleicht gibt es zukünftig aber die Möglichkeit, diesen Effekt auch dauerhaft zu erhalten. Dann wäre dieses eine wirkliche Bereicherung für die Fahrzeuggestaltung.

Abb. 4.37 schlechte Deckkraft des Effektlacks nach 2 Schichten.

4.10 Frozen

Frozen ist ein Effekt, der die Oberfläche wie vereist erscheinen lässt, wie Abb. 4.38 zeigt. Diesen Effekt habe ich selbst entwickelt und kreiert. Frozen ist eine Weiterentwicklung des Kristalleffekts, wobei die Kristalle hierbei erhalten bleiben und nicht nur als Maskierung dienen. Allerdings ist die Verarbeitung hier nicht ganz einfach, um eine wirklich frostig und vereiste Oberfläche zu bekommen. Der Effekt wirkt optisch am edelsten auf einem Perlmuttweiß, funktioniert aber auch auf farbigen oder dunklen Untergründen. Hierfür den gewünschten Grundfarbton inklusive Klarlack aufbringen. Nach vollständiger Trocknung wie gewohnt anschleifen und reinigen. Als Beispiel hierfür dient Abb. 4.39. Nun die Frozen Flüssigkeit wie in Abb. 4.40 so dünn wie möglich, aber geschlossen, auf die Oberfläche aufsprühen. Ich verwende hierfür eine MiniJet mit 0,8 Düse, besser geeignet ist aber eine Airbrush- oder Decor Pistole mit einer Düsengröße von 0,3–0,5 mm, je nach Objektgröße. Während der Trocknung ist die Entstehung der Kristalle zu beobachten. Meist beginnt diese im Randbereich und breitet sich von dort beginnend nach innen aus. Sollten Pfützen beim Auftragen entstehen, diese sofort entfernen, da ansonsten hier kristalline Ränder entstehen, die sehr rau in der Oberfläche und optisch nicht sehr ansprechend sind. Hier ist wirklich einiges an Übung notwendig, um die richtige Menge auftragen zu können, damit der Effekt in seiner vollen Pracht erstrahlen kann. Grundsätzlich gilt, je dünner, je besser. In einer gleichmäßigen und geschlossenen Schicht auftragen. Wird während der Trocknung mit einem feinen Holzstab die Oberfläche berührt, wird durch das Holz die Flüssigkeit etwas aufgesaugt und die Trocknung beginnt an dieser Stelle mit der Bildung eines Kristalls. Dadurch lässt sich die Kristallstruktur bedingt beeinflussen. Anschließend muss das Objekt mehrere Tage trocknen, da die Kristalle bei Kontakt mit anderen Flüssigkeiten ansonsten wieder zerfallen. Abb. 4.41 zeigt die getrocknete Oberfläche, auf der die Kristalle klar erkennbar sind. Ich lasse meine Objekte meistens eine Woche zum Trocknen liegen, bevor ich diese weiter verarbeite. Abschließend kann zum Schutz noch ein dünner Klarlackgang aufgetragen werden, wobei der Effekt mit Mattlack meiner Meinung nach deutlich besser zur Geltung kommt. Aber das ist wie immer, eine Frage des Geschmacks. Hier empfiehlt es sich, im Vorfeld Muster anzufertigen, da selbst ein dünner Klarlackgang die Oberflächenwirkung bereits verändert. Durch den Klarlack werden Teile des Effekts zugeschwemmt. Gerade bei einem weißen Untergrund wird dadurch der Effekt massiv abgeschwächt. Besonders interessant wirkt Frozen, wenn die Kristalloberfläche vor der Klarlackschicht mit einer Perlmuttlasur übernebelt wird. Dadurch entsteht bei Lichteinfall ein faszinierendes und elegantes Spiel zwischen Farben

Abb. 4.38 Frozen auf Hellblauem Untergrund

Abb. 4.39 geschliffener Untergrund.

Abb. 4.40 Aufbringen von Frozen

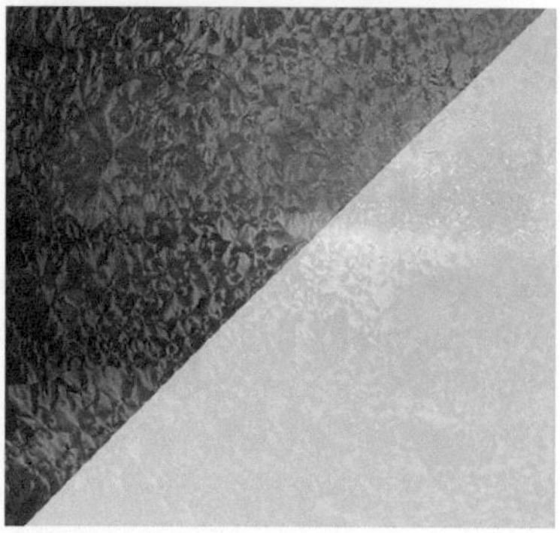

Abb. 4.41 Getrocknete Lackschicht

und Reflexionen. Aufgrund der optischen Eigenschaften und der Bestandteile, kann Frozen auch problemlos zur Wandgestaltung genutzt werden. Das enthaltene Urea speichert und gibt Feuchtigkeit wieder ab, was für ein angenehmes Raumklima sorgt. Daher ist Urea auch in vielen Kosmetika zu finden. Ich finde diesen Effekt atemberaubend schön. Edel, elegant, dezent und mystisch beschreibt ihn wohl am besten. Es ist zwar in der Verarbeitung etwas anspruchsvoller als gekaufte Massenware, aber es lohnt sich, um etwas

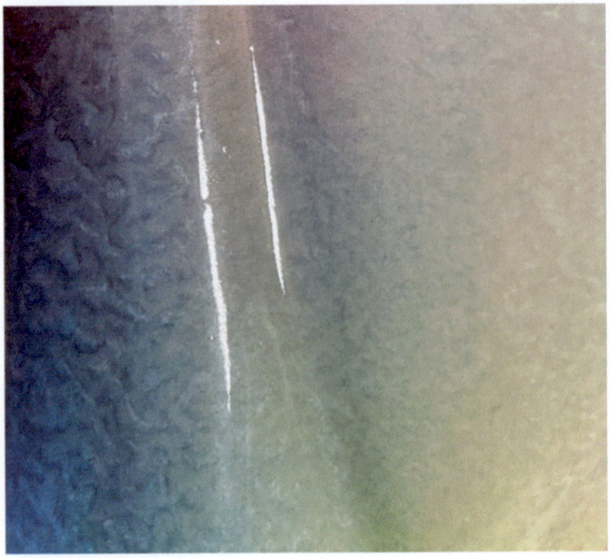

Abb. 4.42 Frozen auf farbigem Untergrund

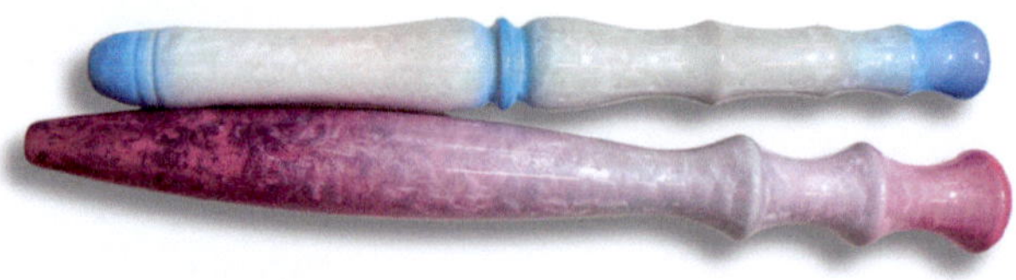

Abb. 4.43 Frozen auf Häkelnadelgriffen

einzigartiges zu erschaffen. Frozen lässt sich auch als interessanten Effekt auf farbigen Untergründen einsetzen. Auch hier entsteht ein tolles Farbenspiel aufgrund der unterschiedlichen Reflexionen der Untergrundfarbe, wie Abb. 4.43 beispielhaft zeigt. Dieser Effekt ist auf kleineren Flächen deutlich einfacher umsetzbar. Ein Beispiel hierfür zeigt Abb. 4.43, welches Häkelnadelgriffe mit diesem Effekt zeigt. Große Flächen sind deutlich schwieriger gleichmäßig zu beschichten. Daher sollte dieser Effekt mit Bedacht eingesetzt werden, um später auch elegant und edel wirken zu können (Abb. 4.42).

Frozen

130 ml AdBlue, 20 g Urea, 30 g transparent Binder (Ich habe hierfür Caparol benutzt) 5 g Isoprophanol 99,9 %. Alles sehr gut miteinander vermischen. Fertige Mischung nur begrenzt lagerfähig. Vor der erneuten Verarbeitung kräftig aufrühren oder schütteln.

4.11 Fazit Effektlacke

Es gibt noch verschiedenste Effektlacke, auf die ich hier nicht näher eingehen möchte, da deren Verarbeitung meist recht simpel ist oder sich mit hier genannten Beispielen gleicht. Um den passenden Effekt für ein Objekt zu finden, bietet es sich an, manchmal über den Tellerrand hinaus zu sehen. Nur, weil ein Lack oder eine Farbe aufgrund ihrer Kennzeichnung für etwas anderes bestimmt ist, heißt das nicht, dass dieser nicht auch anderweitig eingesetzt werden kann. Beispielsweise gab es einen wirklich tollen und kostengünstigen Rosteffektlack im Theaterbedarf für den Kulissenbau. Dieser war, etwas verdünnt, für fast alle Oberflächen nutzbar und wurde von mir für die Gestaltung von Holzoberflächen, Kunststoffen und Aluminium genutzt. Da dieser aber leider aus dem Sortiment gefallen ist, habe ich begonnen den Rosteffektlack selbst herzustellen. Ebenfalls war ich auf der Suche nach einer UV-reaktiven Farbe. Mein wichtigstes Kriterium hierbei war, dass die Farbe ohne UV-Licht wirklich unsichtbar ist und nur unter Schwarzlicht zur Geltung kommt. Hierfür habe ich einige Produkte verschiedenster Hersteller getestet, leider ohne den gewünschten Erfolg. Auch ohne passende Bestrahlung war ein milchiger Schleier klar erkennbar und das Ergebnis somit für mich unbrauchbar. Fündig geworden bin ich dann im Bereich der Textilmalerei. Hier gibt es UV-Farben für T-Shirts, die meine Erwartungen endlich erfüllten. Diese können ebenfalls einfach mit Wasser verdünnt werden bis die passende Viskosität eingestellt ist, um diese lackieren zu können. Diese zwei Beispiele sollen zeigen, dass wir, um tolle Effekte entstehen zu lassen, mit offenen Augen und etwas Fantasie suchen oder kreativ werden müssen. Wichtig ist hierbei auf die Verträglichkeit der Komponenten zu achten. Da bei den meisten Farben heutzutage Acryl als Bindemittel zum Einsatz kommt, ist die Chance groß, passende und kompatible Produkte zu finden. Viele Produkte unterschiedlicher Bindemittelbasen lassen sich zwar nicht mischen, aber nach Durchtrocknung trotzdem miteinander kombinieren. So habe ich schon problemlos einen Acryl Klarlack auf einen getrockneten Polyurethan Basislack aufgebracht oder auch andersrum. Ebenfalls lassen sich, nach meiner Erfahrung, beispielsweise die hochwertigen aber auch hochpreisigen Produkte von House of Kolor problemlos

Abb. 4.44 Lackiert mit einer Mischung aus HoK und Zweihorn

mit einem Lacksystem für Holzverarbeitung vermischen, da beide auf der Bindemittelbasis von Polyurethan aufgebaut sind. Die Crystallit 2 K PUR Lacke für den Schreinerbedarf der Firma Zweihorn®, welche zum AkzoNobel-Konzern gehört, vertragen sich problemlos mit den Lacken von House of Kolor. So können die teuren Candylacke kostengünstig gestreckt und verdünnt werden. Abb. 4.44 zeigt beispielhaft Ostereier, welche mit dieser Mischung lackiert wurden. Zwar kommen die Klarlacke in Sachen Glanzeinheiten und Oberflächenbeschaffenheit nicht ganz an die Klarlacke der Automobilindustrie heran, lassen sich aber in den Zwischenschichten aufgrund der schnellen Trocknung und hohen Schichtstärke sehr gut verarbeiten. Nach der Durchtrocknung kann dann auf Wunsch final noch ein Klarlackgang mit passenden Produkten der Automobilindustrie erfolgen, um die gewünschte Oberflächengüte zu erreichen. Es lohnt sich also, sich in allen Bereichen umzusehen, in denen Farben oder auch Lacke zum Einsatz kommen. Trotzdem sind, um sicher zu gehen, immer im Vorfeld Versuchsmuster anzufertigen, um später keine bösen Überraschungen zur erleben.

4.12 Ein Blick in die Zukunft

Spannend wird es, wenn wir in die Zukunft schauen, die teilweise bereits begonnen hat. Es gibt Pigmente, mit denen sich so ziemlich jede vorstellbare Farbe herstellen lässt, Lacke mit verschiedensten Eigenschaften wie beispielsweise Hitzebeständigkeit oder extremer Kratzresistenz. Es gibt Strukturlacke, leitfähige Lacke oder auch Lacke, die durch eine angeschlossene Stromquelle selbst leuchten. Ebenso wie die Thermochromielacke, die ihre Farbe temperaturabhängig ändern. Roboter lackieren gestochen scharfe Linien ganz ohne zeitintensive Abklebearbeiten. Doch was wäre mit der Entwicklung von computergesteuerten Pigmenten alles möglich? Diese Lacke wären eine revolutionäre Entwicklung in der Lackier- und Fahrzeugveredelungsbranche. Sie würden es ermöglichen, Farben, Muster und Designs per App oder interaktiven Displays dynamisch zu verändern oder selbstständig Beschädigungen zu erkennen, zu melden oder sogar selbst zu reparieren. Diese Zukunftstechnologie verbindet smarte Materialien, Nanotechnologie und digitale Visualisierung und eröffnet völlig neue Möglichkeiten im Fahrzeugveredelungsbereich. Die sich aktuell in der Entwicklung befindenden Zukunftslacke bestehen aus intelligenten Pigmenten und elektronischen Nanopartikeln, die auf Licht, Temperatur oder elektromagnetische Signale reagieren. Beispielsweise kann ein Auto im Stand eine dezente schwarze Lackierung haben. Wird über eine App ein spezielles Signal gesendet, erscheinen holografische Muster oder es wechselt die Farbe in Echtzeit. Große Lack- und Fahrzeughersteller arbeiten hier bereits an Prototypen und Anwendungsmöglichkeiten dieser neuen Technik. So hat BMW bereits 2022 ein Fahrzeug vorgestellt, was per Knopfdruck die Farbe wechselt. Auch wenn dieses momentan nur mit einer Folie namens E-Ink realisierbar ist, könnte diese Technologie auch bald in Lackiersystemen zur Anwendung kommen. Diese Lacke sind eine der spannendsten Innovationen in der Fahrzeug- und

Designwelt. Sie bieten nicht nur extrem individuelle Gestaltungsmöglichkeiten, sondern auch praktische Vorteile. Von Farbwechsel auf Knopfdruck bis zu interaktiven Mustern. So könnten beispielsweise Fahrzeuge, die im Sommer eine helle Farbe annehmen, um das Aufheizen des Innenraumes etwas abzuschwächen, im Winter wiederum dunkle Farben annehmen, um genau dieses zu begünstigen. Fahrzeuge könnten nach einem Unfall in Signalfarben leuchten, um besser gefunden zu werden. Lastkraftwagen könnten je nach Ladung das Design anpassen oder auch bewegende Bilder oder Werbeclips praktisch auf jeder lackierbaren Fläche zu sehen sein. Es könnte Lacke geben, die sich selbst bei kleineren Lackschäden reparieren oder auch Möglichkeiten, die komplette Außenfläche eines Fahrzeugs als Photovoltaikzelle zu nutzen, um ein dauerhaftes Fahren ohne externe Ladevorgänge zu ermöglichen. Die Technologie der Farbwechsellacke steckt noch in den Kinderschuhen, aber in den nächsten Jahren könnten solche Lackierungen für Luxusfahrzeuge, Custom Cars, Werbeträger und sogar Serienfahrzeuge verfügbar werden. Es wird jedenfalls spannend, was zukünftig noch alles auf den Markt kommt und mit welchen Herausforderungen wir im Handwerk noch zukünftig konfrontiert werden. Ebenso spannend ist aber auch, welche neuen Möglichkeiten dadurch entstehen werden.

5 Designlackierungen

Inhaltsverzeichnis

Die Designlackierung ist wohl die Königsdisziplin des Lackierwesens. Hier ist nun Kreativität und handwerkliches Geschick gefragt. Allerdings braucht es gar nicht so viel um Objekte mit einem aufregenden Design zu verzieren. Das wichtigste, und gleichzeitig auch schwierigste, ist die Überlegung, welche Arbeitsschritte notwendig sind um zum gewünschten Ergebnis zu gelangen. Zu Anfang macht es Sinn, sich hierfür nach reichlicher Überlegung einen Arbeitsplan zu erstellen. Damit kann sichergestellt werden, dass keine Schritte vergessen werden oder unnötige Arbeiten entstehen. Neben der Anwendung verschiedener kreativer Lacktechniken kommen hierfür auch oftmals diverse Hilfsmittel wie Klebeband, Zierlinienband, Maskier-und Schablonenfolie, Pinsel, Schwamm oder sonstige Hilfsmittel zum Einsatz. Der Kreativität sind fast keine Grenzen gesetzt und erlaubt ist, was gefällt. Somit kann zum Beispiel ein ausrangierter Vorhang ebenso gut wie gesammelte Blätter oder Gräßer als Schablonenmaterial dienen. Ein Beispiel ist Abb. 5.1 eines Fahrzeugs, bei dessen Gestaltung eine eher rustikale Blechplatten Optik zur Anwendung kam. Diese war schnell und einfach umzusetzen und hatte den Vorteil, dass vorhandene Karosserieschäden in die Gestaltung mit einbezogen werden konnten. Mit dem passenden Design kann ein Objekt plötzlich in einem ganz anderen Glanz erstrahlen. Durch entsprechende Zierlinien kann eine Form hervorgehoben, verändert oder aber auch zerstört werden. Daher sollte, zumindest im Groben, bereits vor Beginn klar sein, wie das

A. Hagemann, *Lackdesign*, https://doi.org/10.1007/978-3-658-49380-6_5

Abb. 5.1 Fahrzeug mit Designlackierung

Objekt nach Fertigstellung aussehen soll. Ebenfalls ist es möglich, verschiedenste Materialien zu imitieren. So kann ein einfacher Kunststoff Briefkasten optisch wie aus Stein oder Holz erscheinen. Auch Designs mit drei Dimensionalem Effekt sind hier möglich. Wichtig hierbei ist nur, sind im Vorfeld über das Design klar zu sein und einen Weg zu finden, die gewünschte Oberfläche möglichst realistisch darzustellen. Zusätzlich ist es wichtig, die eigenen Fähigkeiten zu kennen und realistisch einzuschätzen um ein Design erfolgreich umsetzen zu können.

5.1 Beispiele für Designlackierungen

Abb. 5.2 zeigt eine Oberfläche in Steinoptik mit dreidimensionaler Erscheinung.

Für die Steinfläche wurde der Fugenbereich mit einem Zierlinienband abgeklebt. Anschließend wurde die Fläche mit LatexPlastik aus dem Malerbereich ab gespachtelt. Nach Abschluss der Spachtelarbeiten wurde das Zierlinienband wieder entfernt und die Vertiefungen dadurch frei gelegt. Durch die Ofentrocknung entstanden kleine Risse und Poren, welche den natürlichen Charakter des Steins sehr ähnlich sind. Anschließend wurde die Fläche mit Lackierpistole, Pinsel und Schwamm koloriert.

Für die Holzfläche von Abb. 5.3 wurde die Oberfläche mit einer dünnen PU Schaumschicht überzogen. In diese wurden die tiefen Furchen geschnitzt und anschließend mit GFK überzogen und mit Feinspachtel die Charakteristik von Holz modelliert. Um feinste

Abb. 5.2 Imitation einer dreidimensionalen Steinoptik

Abb. 5.3 Imitation einer dreidimensionalen Holzfläche

Abb. 5.4 Motorradtank mit rotem Candylack

Fasern und Risse entstehen zu lassen, wurde die Fläche nach dem Füllerauftrag noch mit einer Drahtbürste bearbeitet. Anschließend erfolgte die Farbgebung mit Pistole, Pinsel und Schwamm.

Abschließend wurde noch ein Soft-Klarlack für die passende Haptik aufgetragen.

Bei der Gestaltung des Motorradtanks auf Abb. 5.4 wurde der mittlere Bereich mit einer Folientechnik in Silber auf schwarzem Untergrund versehen. An den Rändern wurden weiße Zierlinien gezogen und ein Schachbrettmuster in schwarz und hellgrau aufgebracht. Anschließend wurde die komplette Fläche mit einem roten Candylack in mehreren Gängen überzogen. Dieses ist ein klassisches Beispiel für eine Mischung aus kreativen Lacktechniken und Effektlacken, die sich zu einer harmonischen Designlackierung zusammen setzen.

Bei dieser Designarbeit vermischen sich verschiedene kreative Lacktechniken mit Effektlacken. Der Ursprung war eine weiße Platte. Auf dieser wurden feine Linien Abgeklebt. Anschließend wurde die Platte schwarz lackiert und ebenfalls Linien abgedeckt. Nun folge eine Spiritustechnik in Silber und der Auftrag verschiedener Candylacke sowohl mit der Lackierpistole, als auch gesprenkelt mit den Händen. Nach einer Klarlackschicht mit Zwischenschliff wurde eine Grafik mit Airbrush, Spiritustechnik und Lösemitteltransfer aufgebracht (Abb. 5.5).

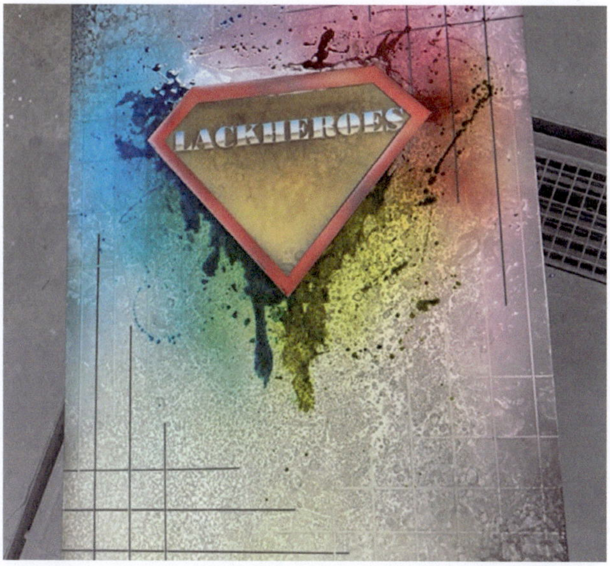

Abb. 5.5 Metallplatte mit Designlackierung

Auch bei den Spiegeln auf Abb. 5.6 kamen wieder verschiedene Techniken zum Einsatz wobei bei dieser Gestaltung zum Großteil die Airbrushtechnik zur Anwendung kam. Die Spiegelkappen wurden zu Anfang schwarz lackiert. In den Großen teilen wurde mittig ein leichter weißer Nebel aufgebracht. Anschließend erfolgte ein Klarlackauftrag mit Zwischenschliff. Nun wurde ein Löwenkopf mit Lösemitteltransfer aufgebracht. Die Silhouette des Markenlogos und Markennamens wurde mit Schablonentechnik aufgebracht. Anschließend erfolgten die Airbrusharbeiten, teilweise ebenfalls mit Schablonentechnik.

Der Briefkasten von Abb. 5.7 ist eine sehr einfache und schnelle Gestaltungsvariante um ein Objekt interessanter erscheinen zu lassen. Der Briefkasten wurde in Rapsgeld lackiert. Anschließend wurde mit einer ovalen Schablone die Käselöcher ausgearbeitet. Diese Gestaltungsvariante ist einfach, schnell und trotzdem wirkungsvoll.

Abb. 5.6 LKW Spiegel mit Designlackierung

Abb. 5.7 Briefkasten in Käseoptik

5.2 Kreative Lack- und Gestaltungstechniken

Wie bereits erwähnt sind einige der bekannten kreativen Techniken vermutlich durch einfache Fehler während des Lackiervorgangs entstanden. Andere vermutlich durch kreative Köpfe, die etwas neues versucht und getestet haben. Sie sind ein wichtiger Bestandteil und der Grundstein einer Designlackierung. Daher gilt auch hier der Ansporn, einfach mal etwas zu versuchen, auch wenn es zu Anfang nicht sehr viel versprechend erscheinen mag. Nachfolgend möchte ich einige kreative Lacktechniken aufzählen und beschreiben. Ebenso gehe ich auf ausgewählte, bekannte Designtechniken etwas näher ein. Abschließend stelle ich ein paar Designs vor und erörtere, wie diese entstanden sind. Durch die Schritt für Schritt Erklärung soll aufgezeigt werden, wie wichtig hierbei die Arbeitsschritt-Planung ist um ans gewünschte Ziel zu kommen. Grundlegend sei aber erwähnt, das Designlackierungen, egal in welcher Art, einen deutlich erhöhten Arbeits- und Zeitaufwand benötigen. Hierbei ist nicht nur das Design selbst, sondern auch die Endbeschichtung gemeint. Meist sind mehrere Gänge Klarlack mit Zwischenschliff notwendig, um alle Unebenheiten zu beseitigen und eine ebene, glatte und glänzende Oberfläche zu erhalten. Ich beschreibe hier einige Möglichkeiten Lacke kreativ anzuwenden. Da es teilweise verschiedene Möglichkeiten gibt, ist meine Variante vielleicht nicht immer die Einfachste, aber eine funktionierende Möglichkeit die Techniken umzusetzen.

5.2.1 Folientechnik

Die Folientechnik ist eins der klassischen Beispiele um eine Oberfläche mit einfachen Mitteln interessant und aufregend zu gestalten. Hierbei benötigt man zwei unterschiedliche Farben, damit der Effekt auch zur Geltung kommt wie Abb. 5.8 zeigt. Je kontrastreicher die beiden Farben, je auffälliger der Effekt. Ich arbeite hier fast ausschließlich mit Silber, da aufgrund der Metallic Pigmente allein hierdurch bereits ein Farbenspiel entsteht. Meist verwende ich einen dunkelgrauen oder schwarzen Untergrund. Um die Folientechnik anzuwenden, sind keine besonderen Kenntnisse und auch kein spezielles Material notwendig. Die Technik ist sehr einfach umzusetzen und bietet eine Vielzahl an Möglichkeiten. Ich nutze die Folientechnik sehr gerne um größere Flächen aufzulockern und interessanter zu gestalten. Ebenfalls nutze ich diese Technik sehr oft als Basis für meine Designlackierungen. Der farblich gestaltete und geschliffene Untergrund wie Abb. 5.9 zeigt wird gereinigt, und schon kann es los gehen. Je nach vorhandener Oberflächenbeschaffenheit gibt es hier mehrere Möglichkeiten zum gewünschten Ziel zu kommen. Bei ebenen Flächen lackiere ich die Fläche und lege die Folie ein. Bei gewölbten mit Sicken, Kanten und Rundungen tupfe ich mit der Folie.

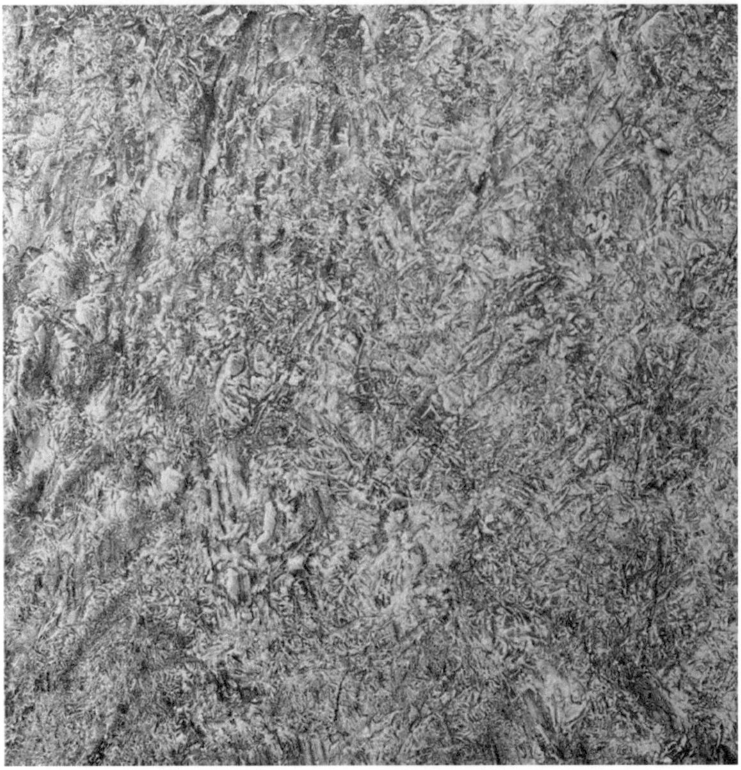

Abb. 5.8 Folientechnik in Silber auf schwarzem Untergrund

Auf den vorbereiteten Untergrund wird nun ein gewünschter Silberfarbton in ordentliche Schichtstärke auf lackiert wie Abb. 5.10 zeigt. In den noch nassen Lack wird nun eine Folie gelegt was Abb. 5.11 verdeutlicht.

Hierbei sollte die Folie über möglichst viele Knitterstellen verfügen. Ich nutze hierfür normale Abdeckfolie und zerknülle diese im Vorfeld zu einem Ball. Anschließend wird die Folie wieder auseinandergefaltet und ist nun übersäht von Falten. Nachdem das Silber appliziert wurde muss die Folie möglichst schnell eingelegt werden, da der Effekt nur bei einer nassen Lackschicht funktioniert. Liegt die Folie in der Lackschicht, drücke ich diese vorsichtig auf den Untergrund um keine Löcher in meinem Muster entstehen zu lassen. Bei der Wahl des Lackmaterials gibt es hier mehrere Möglichkeiten. Es gibt spezielle Lacke, welche exakt für diesen Effekt entwickelt wurden. Diese sind sehr dünnflüssig, stark Pigmentiert und haben eine erweiterte Trocknungszeit um das Zeitfenster zum einlegen der Folie etwas länger zu halten.

Abb. 5.9 Geschliffener Untergrund

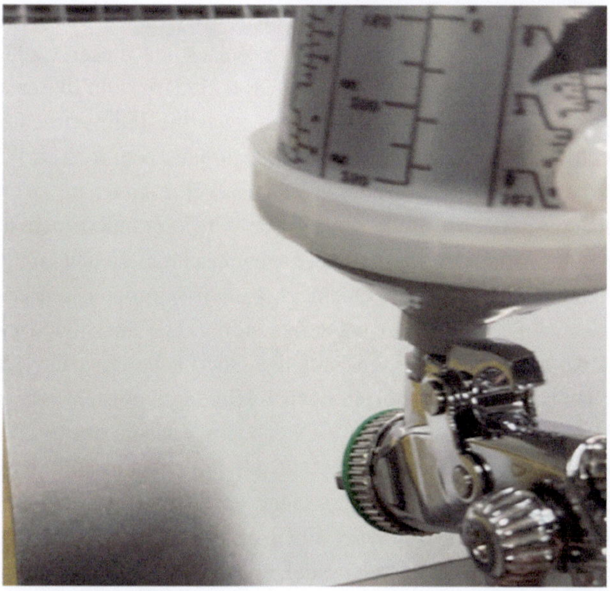

Abb. 5.10 Silber wird aufgetragen

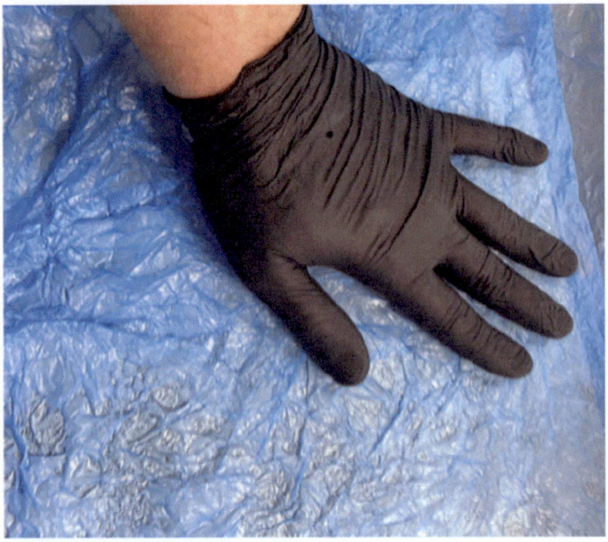

Abb. 5.11 Folie wird eingelegt und angedrückt

Hierfür kann aber auch jedes standart Silber aus der Mischbank genutzt werden. Ich arbeite hier sehr gerne mit normalem Wasserbasislack, da dieser von Haus aus bereits über eine genügende Trocknungsdauer verfügt. Bei Bedarf kann dieser auch noch etwas mehr verflüssigt werden. Es schwindet dadurch zwar die Pigmentdichte, was aber dem Effekt schlussendlich in keiner Weise schadet. Nach einer sehr kurzen Wartezeit wird die Folie nun wieder abgezogen. Bei größeren Flächen sollte hier eine zweite Person unterstützen. Je nach dem, wie die Folie abgezogen wird, verändert sich das Muster. Hier gibt es verschiedene Möglichkeiten, je nach gewünschtem Erscheinungsbild. Ich ziehe die Folie am Rand beginnend nach Oben ab um ein schmieren auf der Oberfläche zu verhindern. Dieses würde das Muster wieder zerstören oder unschöne Fläche bilden. Eine zweite Variante ist, die Folie am Stück auf der Oberfläche ein paar Zentimeter in eine Richtung zu ziehen bevor diese abgezogen wird. Hierdurch entsteht eine schöne Verlaufsmaserung die deutlich dynamischer wirkt. Die andere Variante des tupfens ist simpel und einfach. Hierfür wird etwas silberne Farbe auf das Folienkneul aufgebragen und auf den Untergrund getupft. Dieser Vorgang wird so lange wiederholt, bis das gewünschte Muster erreicht und die Fläche gestaltet wurde. Ebenso lässt sich, falls doch unschöne Bereiche beim abziehen der Folie entstanden sind, dieses mit tupfen noch retouschieren. So lange die Oberfläche noch nass ist, kann diese auch problemlos bearbeitet werden. Wird die Variante tupfen gewählt, kann auch ein Lack mit sehr kurzer trocknungszeit gewählt werden, je nach dem, was gerade verfügbar ist. Um dem Design ein noch aufregenderes Erscheinungsbild zu verleihen, wird dieser oftmals nach der Trocknung mit einer Lasur eingefärbt. Hierfür sollte aber ein echter Candy-Lack genutzt werden um die Strucktur

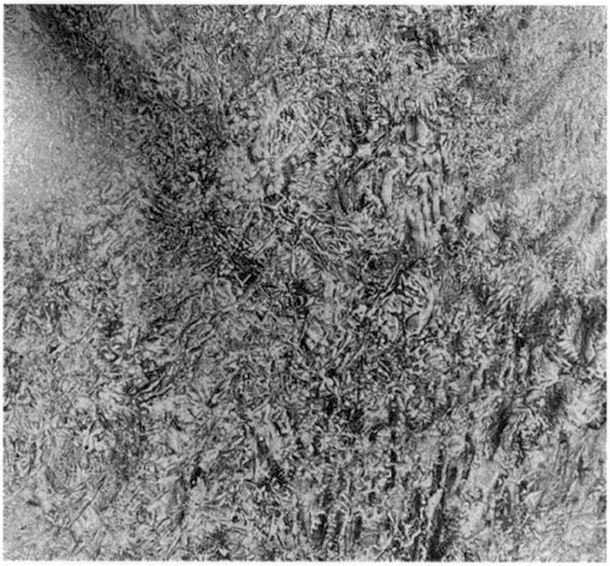

Abb. 5.12 Muster der Folientechnik

nicht zu überdecken. Ebenfalls kann die Fläche nochmals leicht mit dem Silberfarbton übernebelt werden um das Muster etwas abzuschwächen und dezenter zu gestalten. Allein durch diese Technik lässt sich eine Fläche in ein elegantes und edles Erscheinungsbild hüllen wie Abb. 5.12 verdeutlicht. Diese Lacktechnik kann entweder für sich alleine, oder als Basis für verschiedenste Gestaltungen genutzt werden und bietet fast grenzenlose Gestaltungsmöglichkeiten. Es gibt verschiedene Möglichkeiten die Folientechnik anzuwenden. Die Folie kann wie hier beschrieben eingelegt, oder auch als Kneul zum tupfen verwendet werden. Ebenfalls kann auch die Folie Lackiert und auf den Untergrund aufgelegt werden. Je nach Nutzung der Folie und den gewählten Farben entstehen unterschiedliche Muster, entweder knallig und kontrastreich, oder eher dezent und elegant. So zeigt Abb. 5.13 eine Folientechnik mit zwei verschiedenen Silberfarbtönen. Die Folie wurde eingelegt, leicht über die Oberfläche gezogen und dann von der Oberfläche abgezogen. Bei Abb. 5.14 wurde noch in die nasse Fläche mit Wasserreiniger gesprüht. Dadurch verschwimmen die Konturen und das Muster wird weicher und fließender. Daher gilt hier: Ausprobieren was gefällt!

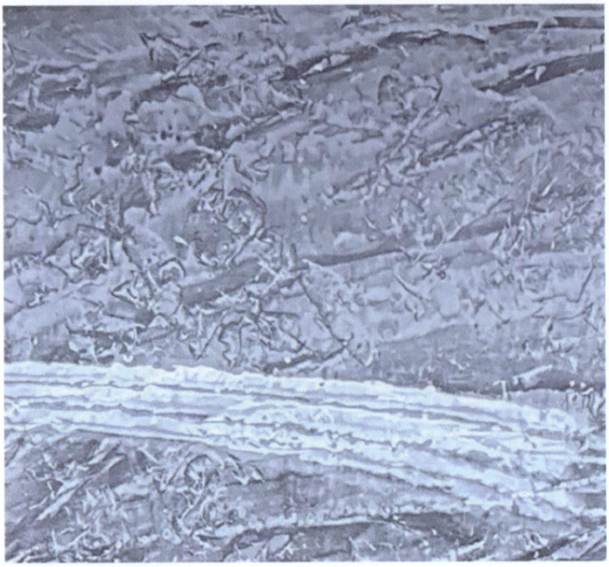

Abb. 5.13 Variante der Folientechnik

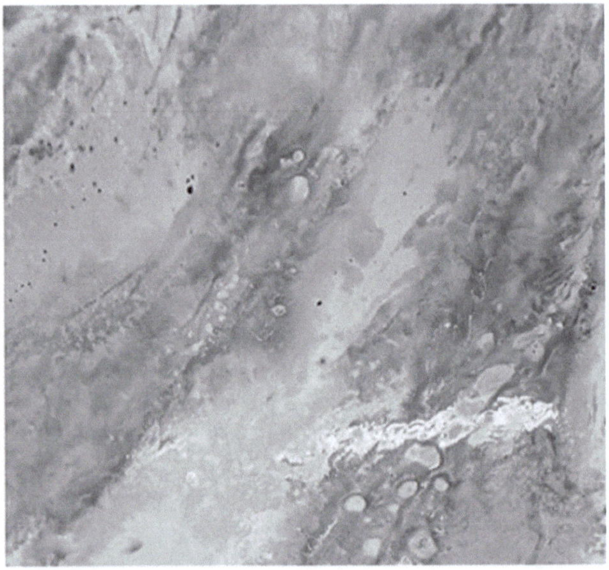

Abb. 5.14 Folientechnik mit Wasserreiniger

5.2.2 Floating oder Verlaufstechnik

Diese Lacktechnik ist denkbar einfach und doch sehr elegant in der Erscheinung wie Abb. 5.15 zeigt. Allerdings wird einiges mehr an Lackmaterial benötigt als bei anderen Techniken. Je mehr Kanten und Rundungen ein Objekt hat, je komplexer wird die Umsetzung da alle Bereiche beschichtet werden sollten. Zusätzlich ist es von Vorteil, eine Kante als Farbablauf zu nutzen zu können, welche später nicht mehr sichtbar ist. Ein weiterer Nachteil dieser Technik ist, dass es zeitintensiv und aufwendig ist, entstehende Unebenheiten durch den mehrfachen Klarlackauftrag und notwendige Zwischenschliffe wieder zu beseitigen. Um diese Art der Oberflächengestaltung entstehen zu lassen, sind nur ein paar harmonierende Farben und ein paar Handschuhe notwendig. Das Objekt wird nach der Vorbereitung des Untergrundes mit den verschiedenen Farben übergossen wie auf Abb. 5.16 zu sehen ist. Als Untergrund kann hierbei eine geschliffene Altlackierung oder Füllerschicht dienen. Ein spezieller Untergrundfarbton ist für die Verlaufstechnik oder Floating nicht notwendig, da die Farbe den kompletten Untergrund abdeckt. Dieses

Abb. 5.15 Verlaufstechnik aus fünf Farben

Abb. 5.16 Farben werden auf die Oberfläche geleert

Abb. 5.17 Objekt drehen und wenden

kann entweder aus einzelnen Behältnissen geschehen, oder es ist möglich, die Farben im Vorfeld zusammen in ein Behältnis zu geben und damit die Oberfläche zu übergießen. Wichtig hierbei, Farben nicht miteinander vermischen. Daher sollte beim Zusammenleeren vorsichtig vorgegangen werden. Vermischen sich die Farben zu stark, sind diese für diese Technik unbrauchbar. Um nun alle Bereiche mit dem Farbverlauf zu bedecken, das Objekt so lange drehen und wenden, bis jeder Bereich von der Farbe abgedeckt ist. Abb. 5.17 zeigt hierbei den Beginn der Farbverläufe. Ebenfalls lässt sich durch drehen, neigen und wenden der Farbverlauf und die Richtung beeinflussen. Es empfiehlt sich, im Vorfeld den Boden abzudecken, da die Masse der Farbe dort landen wird und nur

Abb. 5.18 Fläche muss komplett bedeckt sein

ein Bruchteil davon später auf der Oberfläche zurück bleibt. Bei dieser Technik können verschiedenste Farbtöne miteinander kombiniert werden um beeindruckende Farbenspiele entstehen zu lassen. Je mehr Farbtöne miteinander kombiniert werden, je spektakulärer das Ergebnis später. Um den Verlauf zusätzlich etwas zu beeinflussen, können die Farben entweder im Vorfeld, oder direkt auf dem Objekt leicht verdünnt werden. Ich arbeite mit Wasserbasislacken, lasse die Farben zu Anfang normal verlaufen und gebe eine Richtung vor. Anschließend, solange die Fläche noch nass ist, besprühe ich die Bereiche mit Cleaner, also Wasserbasislack-Reiniger. Dieser löst getrocknete Bereiche leicht an, verdünnt noch nasse Bereiche und lässt einen weicheren Übergang der Farbtöne entstehen. Damit wirkt das Ergebnis etwas weicher und fließender. ist dieser Vorgang wie auf Abb. 5.18 abgeschlossen und die komplette Fläche mit Farbe bedeckt, muss das Objekt komplett trocknen. Bei dreidimensionalen Flächen muss auf die Farbablaufkanten geachtet werden um hier später keine unschönen Flecken oder Tropfen entstehen zu lassen. Hierbei muss darauf geachtet werden, welche Bereiche später nicht mehr sichtbar und damit als Abflusskante genutzt werden können. Gibt es keine geeignete Kante außerhalb des Sichtbereiches, muss im Nachgang retuschiert werden. Ansonsten besteht noch die Möglichkeit, Kantenbereiche im Nachgang auszublenden. Das bedeutet, nach der Trocknung und Klarlackierung werden die Kantenbereiche leicht mit einem Wunschfarbton überlackiert und damit die unschönen Kantenbereiche abgedeckt. Zusätzlich wird damit die Silhouette des Objektes betont und durch ausnebeln ein fließender Übergang zur kreativen Lacktechnik geschaffen. Um das Design noch etwas wilder zu gestalten, schleudere ich manchmal noch Farbe mit den Fingern und Händen auf die Oberfläche. Dieses ist aber, wie so ziemlich alles, absolute Geschmacksache. Feste Gestaltungsrichtlinien gibt es hier nicht. Auf Abb. 5.19 ist ein Beispiel eines Farbverlaufs mit drei Farben. Abb. 5.20 zeigt einen gegenläufigen Farbverlauf mit vier Farben.

Abb. 5.19 Farbverlauf in 3 Farben: schwarz, rot und gelb

Abb. 5.20 Farbverlauf in 4 Farben: blau, weiß, rot und Silber

5.2.3 Spiritustechnik

Ist eine meiner bevorzugten Techniken. Diese Technik nutze ich sehr häufig um Hintergründe zu gestalten. Der Vorteil hierbei, die Spiritustechnik ist denkbar einfach und schnell in der Umsetzung und trotzdem sehr wirkungsvoll. Ein Beispiel für diese Technik zeigt Abb. 5.21. Hierfür wird auf den vorbereiteten Untergrund der gewünschte Basislack im Wasserlacksystem aufgetragen. Anschließend wird in die nasse Lackschicht Spiritus oder Isoprophanol mit den Findern gespritzt. Der Alkohol verdrängt die Farbe, es entstehen runde Bereiche in denen der Untergrund zum Vorschein kommt. Dieser Vorgang

Abb. 5.21 Spiritustechnik in Grün und Gold auf schwarzem Untergrund

kann auch mehrfach wiederholt oder auch mit verschiedenen Farben ausgeführt werden. Dadurch entsteht eine Überlagerung, welche das Muster noch ansprechender erscheinen lässt. Je nach Wahl der Farbtöne lässt sich beispielsweise mit dieser Technik und ein wenig Übung auch Wurzelholz imitieren. Auch ist es möglich, die Fläche mit Spiritus zu bespritzen und mit der selben oder einer zweiten Farbe darüber zu nebeln wie auf Abb. 5.22 zu sehen. Hierdurch entstehen ebenfalls sehr interessante, aber etwas dezentere Muster. Wichtig hierbei ist schnell zu sein, da die Reaktion nur im nassen Lack stattfindet. Sobald die Lackschicht angetrocknet ist, entstehen nur noch leichte unschöne Flecken. Sobald das gewünschte Muster entstanden ist, alles gut trocknen lassen. Anschließend kann das Objekt zusätzlich mit Candy-Lacken eingefärbt, so belassen, oder je nach Vorliebe weiter bearbeitet werden. Ich nutze für diese Technik sehr gerne Silber Farbtöne da diese aufgrund der Metallic-Pigmente bei dieser Technik besonders zur Geltung kommen. Zusätzlich kommen bei dieser Technik oft Candylacke zum Einsatz, welche auf Silber ebenfalls am Besten wirken. Es ist zwar möglich mit dieser Technik auch stehende

Abb. 5.22 Spiritus wird auf den nassen Basislack gespritzt. Anschließend wurde dieser nochmal im Farbton übernebelt

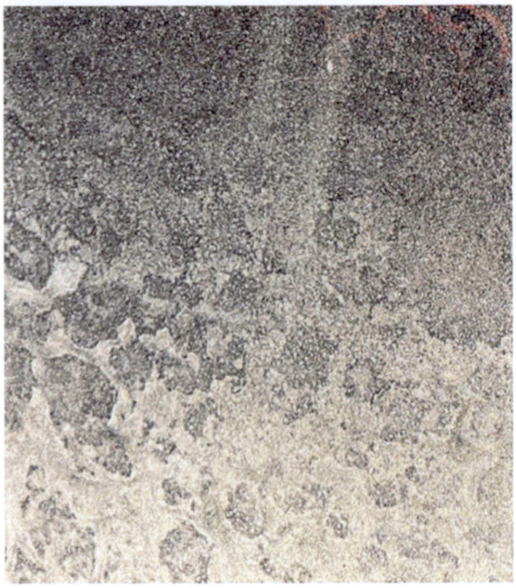

Abb. 5.23 Spiritus wurde nochmal übernebelt

Flächen zu gestalten, allerdings ist es auf liegenden Flächen deutlich einfacher. Bei stehenden Flächen läuft die Farbe durch den Alkohol. Es entstehen nicht nur Kreise, sondern je nach Alkoholmenge auch größere Läuferspüren, welche aber ebenfalls sehr Wirkungsvoll erscheinen können und ein eher rustikales oder verwittertes Erscheinungsbild ergeben. Sollte aufgrund des Alkohols zu viel Farbe verschwinden, kann im Nachgang durch Übernebeln wieder nachgearbeitet werden bis das gewünschte Ergebnis erreicht wurde. Auf Abb. 5.23 ist die Spiritustechnik zu sehen, welche nochmals mit dem Basislack übernebelt wurde. Auf Abb. 5.24 wurde der Spiritus auf den Untergrund aufgespritzt ohne vorheri-

Abb. 5.24 Farblack wurde erst nach dem Spiritus genebelt

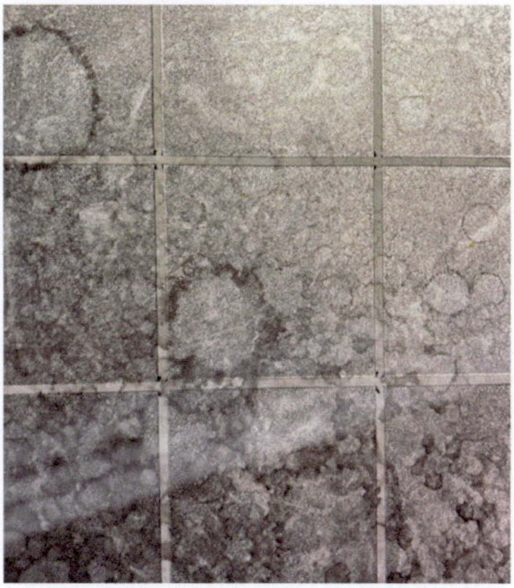

Abb. 5.25 Spiritustechnik in der Ursprungsvariante

gen Farbauftrag. Erst danach kam der Farblack und wurde über die nasse Spiritusfläche genebelt.

In der Klassischen Variante auf Abb. 5.25 wurde auf einem silbernen Untergrund Teilbereiche mit einer Spiritustechnik und schwarzem Basislack gestaltet. Anschließend wurde die komplette Fläche mit verschiedenen Candylacken eingefärbt wie in Abb. 5.26 zu sehen ist.

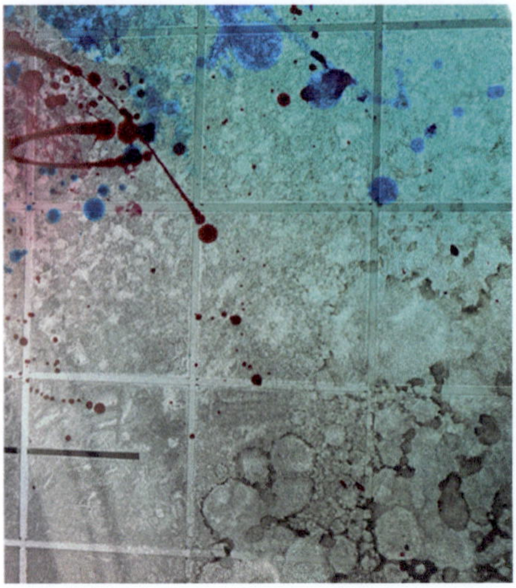

Abb. 5.26 Spiritustechnik mit Candylack

5.2.4 Spülmitteltechnik

Erzielt interessante Muster und lässt sich schnell und einfach herstellen wie Abb. 5.27 zeigt. Wie der Name schon sagt verwendet man hierfür Spülmittel. Wobei dieses eigentlich auch nur zur Maskierung, also als Schablone dient. Hierfür wird der Untergrund wieder vorbereitet, wie für jede andere Lackierung auch. Anschließend wird das Spülmittel auf die Oberfläche aufgebracht. Mit einem handelsüblichem Spülmittel ohne Hautfettende Eigenschaften, welches bei stehenden Flächen auch zur Tropfen- und Läuferbildung neigt, wird die Oberfläche wild bearbeitet. Auch hier gibt es einige Möglichkeiten, diese Art der Maskierung zu nutzen. Nach Auftrag des Spülmittels wie in Abb. 5.28 zu sehen, kann die Fläche wahlweise vollständig überlackiert, oder auch nur die maskierten Bereiche etwas übernebelt werden. Nach meiner Erfahrung ist es bei vollflächigem Überlackieren deutlich einfacher, hier auf konventionelles Lackmaterial zu setzen, da die Maskierung im Nachgang mit Wasser wieder abgewaschen werden muss und das Risiko, den Effekt zu zerstören beim Nutzen eines Wasserlacksystems einfach sehr groß ist. Sollte man nur die Randbereiche der Maskierung an nebeln wie in Abb. 5.29, geht dieses problemlos auch mit Wasserlack, wobei sich hier der Einsatz einer Airbrushpistole aufgrund der kleinen Düsengröße anbietet. Nach einer kurzen Trocknungsphase des Farbauftrags, wird nun die Maskierung wieder entfernt. Ich mache dieses unter fließendem Wasser wie auf Abb. 5.30 zu sehen mit der Hand ohne scheuernde Hilfsmittel um das Muster nicht zu gefährden. Anschließend wie auf Abb. 5.31 alles trocknen lassen, Klarlackieren und nach Wunsch weiter verarbeiten. Auch hier können Candy-Farbtöne wunderbar zum Einsatz kommen wie Abb. 5.27 zeigt. Diese Technik wirkt entweder für sich alleine, kann aber auch wunderbar zur Hintergrundgestaltung genutzt werden. Je wilder, je knalliger, je auffälliger, je besser.

Abb. 5.27 Spülmitteltechnik mit Candylack eingefärbt

Abb. 5.28 Spülmittel wir auf die Oberfläche aufgetragen

Abb. 5.29 Randbereiche werden an genebelt

Abb. 5.30 Spülmittel wird abgewaschen

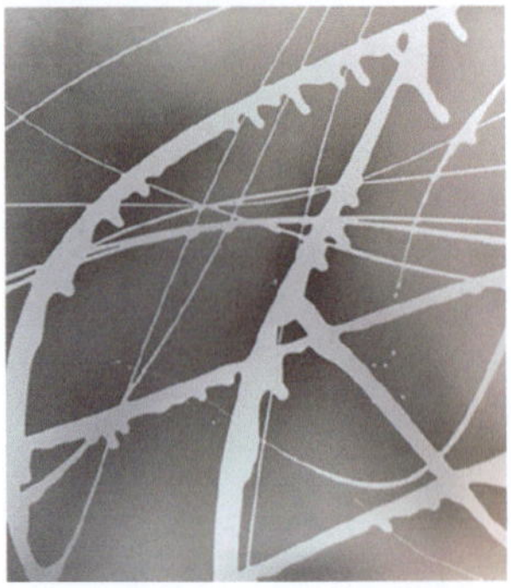

Abb. 5.31 Fertiges Ergebnis

5.2.5 Rasierschaumtechnik

Erzielt interessante Muster und lässt sich schnell und einfach herstellen. Abb. 5.32 zeigt diese kreative Lacktechnik. Wie der Name schon sagt verwendet man hierfür Rasierschaum oder Ähnliches. Wobei dieses eigentlich auch nur zur Maskierung, also als Schablone dient. Hierfür wird der Untergrund wieder vorbereitet, wie für jede andere

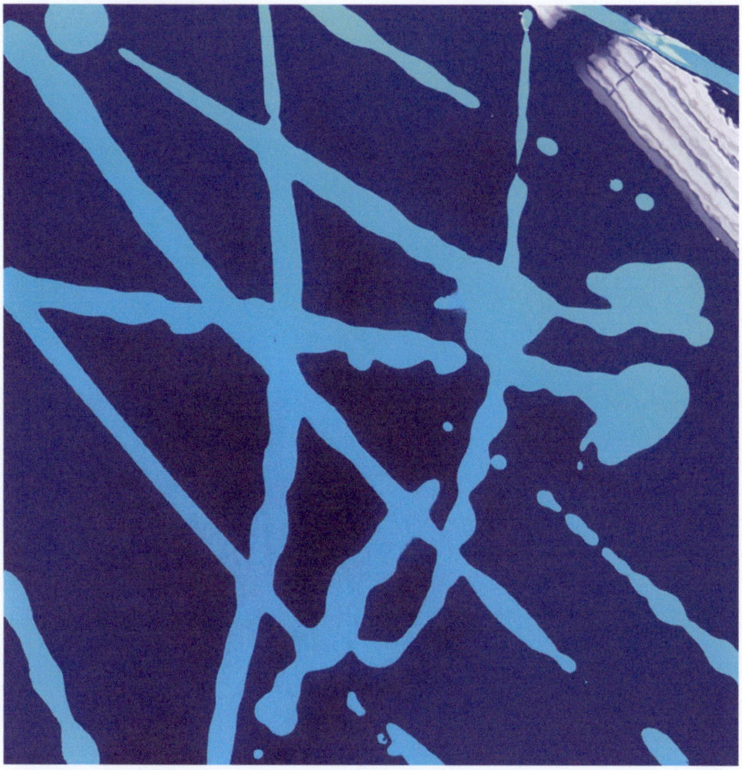

Abb. 5.32 Rasierschaumtechnik mit Candylack eingefärbt

Lackierung auch. Anschließend wird Rasierschaum oder Ähnliches auf die Oberfläche aufgebracht. Hier muss das passende Produkt, je nach gewünschtem Effekt gewählt werden. Rasierschaum ist sehr fest, gibt also eher punktuelle Flecken. Ich wähle hier eher Haarfestiger. Dieser, ebenfalls als Schaum, verteilt sich aber für mein Empfinden etwas wilder auf der Oberfläche wie auf Abb. 5.33 zu sehen ist. Auch hier gibt es einige Möglichkeiten, diese Art der Maskierung zu nutzen. Nach Auftrag des Schaums kann die Fläche wahlweise vollständig überlackiert wie auf Abb. 5.34, oder auch nur die maskierten Bereiche etwas übernebelt werden. Wichtig ist hierbei, dass dieses schnell nach Auftrag des Schaums passiert, da dieser sich ansonsten auflöst und nicht mehr genutzt werden kann. Nach meiner Erfahrung ist es bei vollflächigem Überlackieren deutlich einfacher, hier auf konventionelles Lackmaterial zu setzen, da die Maskierung im Nachgang mit Wasser wieder abgewaschen werden muss und das Risiko, den Effekt zu zerstören beim Nutzen eines Wasserlacksystems einfach sehr groß ist. Sollte man nur die Randbereiche der Maskierung an nebeln, geht dieses problemlos auch mit Wasserlack, wobei sich hier der Einsatz einer Airbrushpistole aufgrund der kleinen Düsengröße anbietet. Nach

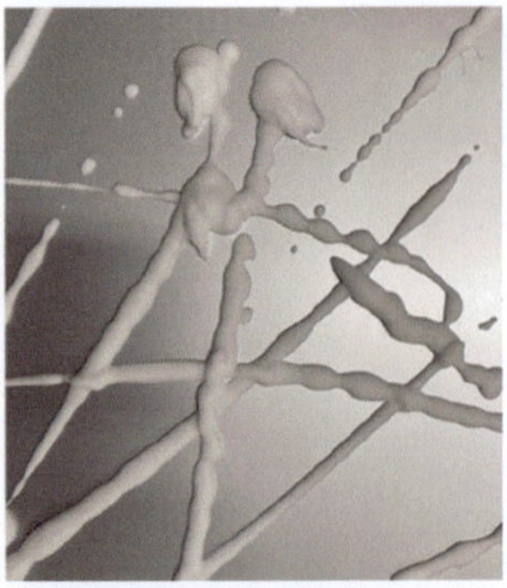

Abb. 5.33 Schaum wird auf der Oberfläche verteilt

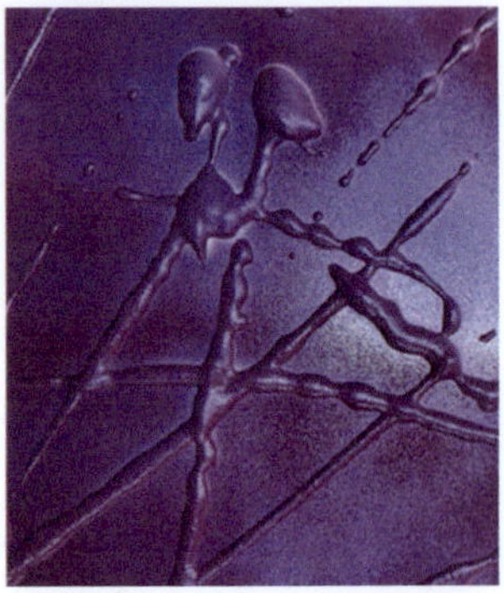

Abb. 5.34 Fläche wird flächig lackiert

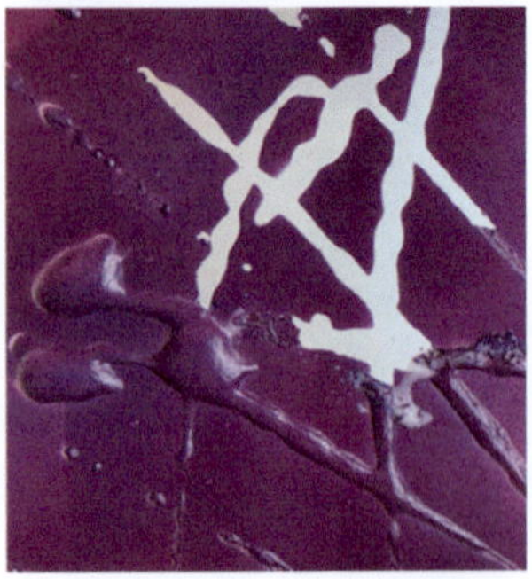

Abb. 5.35 Schaum wird abgewaschen

einer kurzen Trocknungsphase des Farbauftrags, wird nun die Maskierung wieder wie auf Abb. 5.35 entfernt. Ich mache dieses unter fließendem Wasser mit der Hand ohne scheuernde Hilfsmittel um das Muster nicht zu gefährden. Anschließend alles trocknen lassen, Klarlackieren und nach Wunsch weiter verarbeiten. Auch hier können Candy-Farbtöne wie bei Abb. 5.32 wunderbar zum Einsatz kommen (Abb. 5.36).

Abb. 5.36 Fertiges Ergebnis

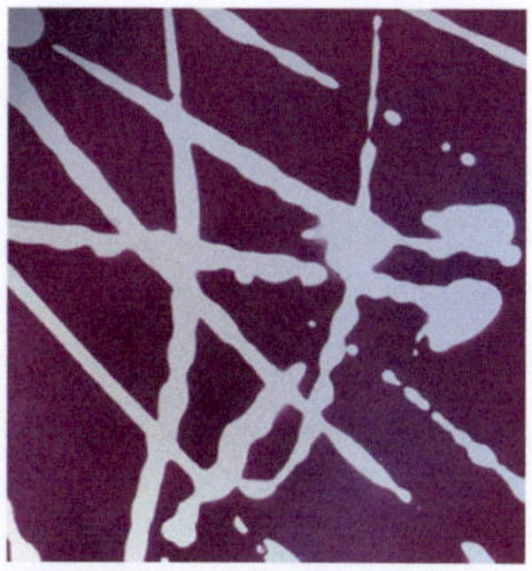

5.2.6 Maskier- und Schablonentechnik

Keine andere Lacktechnik bietet mehr Möglichkeiten und ist vielfältiger wie die Nutzung von Schablonen, Klebebändern und Maskiermaterial Je nach gewünschtem Effekt kommen unterschiedlichste Hilfsmittel zum Einsatz, bei deren Auswahl der Kreativität fast keine Grenzen gesetzt sind. Begonnen beim einfachen Klebeband, bis hin zu Spitzenunterwäsche, Tischläufern und Vorhängen kann hier fast alles zur Hilfe genommen werden. Ein Beispiel zeigt Abb. 5.37. Hier wurde der Untergrund vorbereitet und mit rotem Basislack beschichtet wie in Abb. 5.38 zu sehen. Anschließend wurde ein Tischläufer mit wildem Muster aufgelegt (Abb. 5.39). Abb. 5.40 zeigt, wie diese Fläche anschließend schwarz lackiert wurde. Im Anschluss wurde der Tischläufer von der Oberfläche entfernt und das Muster wurde übertragen. Klebeband zur Abtrennung verschiedener Flächen ist wohl die bekannteste Möglichkeit. Abb. 5.41 zeigt einige Beispiele für Klebebänder. Klebe- und Zierlinienbänder gibt es hierfür in verschiedensten Breiten und Eigenschaften um eine Vielzahl von Anwendungsmöglichkeiten zu garantieren. Ebenfalls ist der Einsatz von Schablonenfolie um Grafiken oder Schriften lackieren zu können eine schnelle und einfache Möglichkeit Oberflächen zu gestalten. Schablonenfolie bietet hierbei die Möglichkeiten, auch komplexe Grafiken auf einer Oberfläche zu maskieren. Zusätzlich kann sowohl die Grafik in einer Kontrastfarbe angelegt, als auch die Grafik abgedeckt und der Hintergrund kontrastreich gestaltet werden. Ob hier das Objekt einfarbig auslackiert, oder mehrfarbig gestaltet wird, bleibt dem Anwender und dem gewünschten Ergebnis überlassen. Ebenfalls können auch verschiedene Designelemente überlagert und so ein gewünschtes Deko Schicht für Schicht aufgebaut werden.. Durch die Nutzung von Schablonenfolie lassen sich mithilfe eines Schneidplotters fast alle denkbaren Grafiken oder Schriften als Aufklebeschablone fertigen und mühelos auf eine Oberfläche übertragen. Ebenso gibt es bereits fertige Schablonen aus Mylar zum mehrfachen gebrauch in verschiedensten Designs zu kaufen. Abb. 5.42 zeigt hier ein paar Beispiele für Schablonen aus Mylar. Diese werden einfach aufgelegt und auslackiert und können gereinigt und immer wieder verwendet werden. Abgesehen von den für den Lackierzweck vorgesehenen Materialien, lassen sich noch verschiedenste andere Hilfsmittel nutzen. So entstehen durch

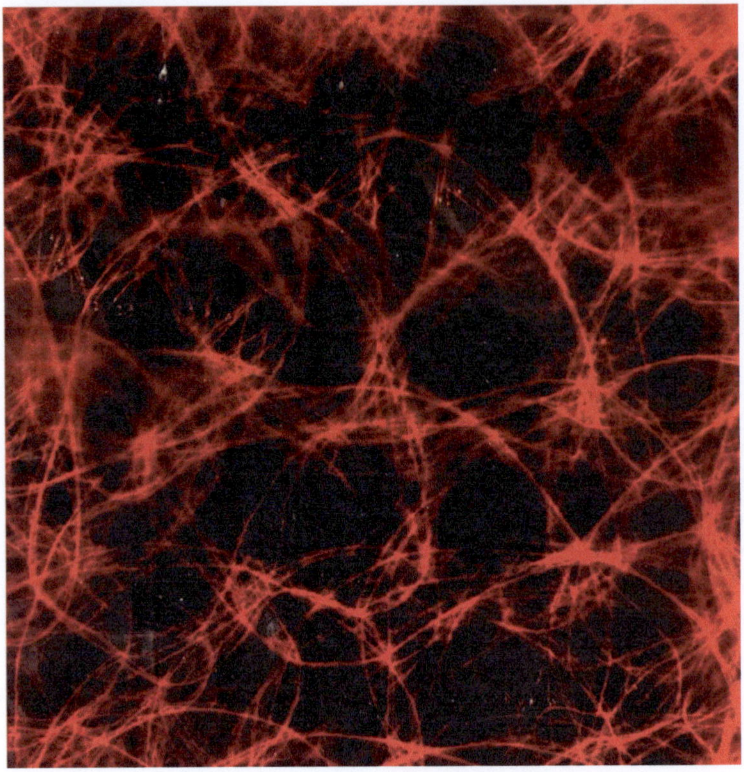

Abb. 5.37 Tischläufer als Schablone

Abb. 5.38 Roter Untergrundlack

Abb. 5.39 Tischläufer wird aufgelegt

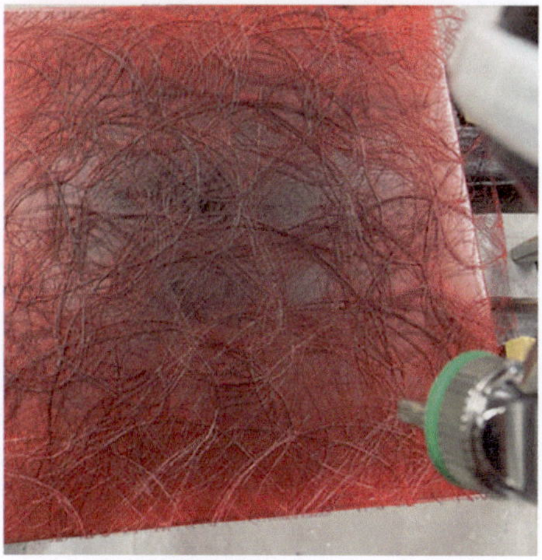

Abb. 5.40 Schwarz lackieren

Abb. 5.41 Beispiele für Klebebänder

Abb. 5.42 Mylar Schablonen

Abb. 5.43 Beispiele für Schablonen

Fliegengitter oder Obst- und Gemüsenetze ebenfalls dekorative Oberflächen. Ebenso ist der Einsatz von Vorhangmustern besonders in der LowRider-Scene sehr beliebt. Einige Beispiele für solche Materialien sind auf Abb. 5.43 zu sehen. Wichtig ist bei der Material Wahl nur, dass diese auf der Oberfläche gegen verrutschen gesichert werden und sich nach dem lackieren wieder Rückstandslos entfernen lassen. Zur Befestigung nehme ich meist Klebeband, oder lasse die Hilfsmittel über das Objekt hängen und beschwere diese an den Rändern mit Tischtuchgewichten.

Auch kann eine alte abgetragene Jeans noch dazu dienen, in den nassen, blauen Basislack eingelegt zu werden und durch aufsaugen der Farbe eine Jeans ähnliche Färbung und Muster zu erhalten. Kreativität und Ideenreichtum lohnt sich hier um das passende Hilfsmittel zu finden. Noch mehr Möglichkeiten bietet hier die Natur selbst. Wer mit offenen Augen durch die Gegend läuft, wird täglich eine Vielzahl an Materialien entdecken, die sich wunderbar als

Abb. 5.44 Beispiele für natürliche Materialien

Schablonen eignen wie beispielhaft auf Abb. 5.44 zu sehen ist. So lassen sich Naturmaterialien wie Gräßer, Zweige, Stroh, Blätter oder Federn ebenfalls nutzen um der Oberfläche das passende Deko zu verleihen. Nachdem die Grundfarbe aufgetragen und getrocknet wurde, die gewünschten Utensilien auf die Oberfläche legen und vorsichtig übernebeln oder lackieren um die gewählten Formen auf die Oberfläche zu übertragen.

Beispiele für den Einsatz von Schablonenfolie um Grafiken auf Oberflächen zu übertragen.

Auf Abb. 5.45 wurde die Schrift aufgeklebt und an den Randbereichen an genebelt. Durch dieses Vorgehen verbleibt die Schrift im ursprünglichen Farbton, der Hintergrund wird dunkler. Dadurch hebt sich das Objekt vom Untergrund ab und wird sichtbar. Eine zweite Möglichkeit zeigt Abb. 5.46. Die Schablone wird aufgeklebt und auslackiert. Dadurch hebt sich das Motiv durch die gewählte Kontrastfarbe vom Untergrund ab. Der Untergrund selbst bleibt im Ursprungszustand.

Für den Einsatz der Schablonenfolie bietet sich ein Schneidplotter an um die gewünschten Grafiken auf die Folie zu übertragen. Ebenso kommt hier Transferfolie zum Einsatz um ein verrutschen der einzelnen Folienelemente während der Übertragung auf die Oberfläche zu verhindern. Gerade bei großflächigeren Motiven ist die Transferfolie unverzichtbar. Für kleinere Elemente oder Schriftzüge nutze ich gelegentlich auch nur Klebeband für die Übertragung. Wobei ich dieses vorher zwei- bis dreimal auf meine Hose klebe um die Klebekraft zu verringern damit sich das Klebeband später auch von der Schablonenfolie ablösen lässt. Doch es ist auch möglich, die Fläche mit Schablonenfolie zu bekleben, die gewünschten Elemente aufzuzeichnen und die Folie direkt auf der Oberfläche zu schneiden und auszuheben. Hierbei ist allerdings absolute Vorsicht und scharfes Werkzeug von Nöten um auch wirklich nur die Folie zu schneiden. Tiefe Schnitte im Untergrund lassen sich nur sehr arbeitsintensiv durch abschleifen, eventuell sogar spachteln der betroffenen Fläche und erneutes lackieren wieder entfernen. Nach

Abb. 5.45 Schrift wurde abgeklebt

Abb. 5.46 Hintergrund wurde abgeklebt

entfernen der Schablonenfolie kann die Fläche mit Klarlack beschichtet werden. Hierfür habe ich die besten Erfahrungen gemacht, wenn zu Anfang 1–2 dünne Nebelgänge als Klebeschicht aufgetragen werden. Wenn diese gut ab gelüftet sind, kann normal überlackiert werden. Durch die Klebeschichten des Klarlacks werden die Spuren der Folie fixiert und die Klebebereiche der Folie verschwinden in der Klarlackschicht spurlos. Da sich die Farbe an den Randbereichen der Schablonenfolie sammelt, ist hier nach dem Klarlackauftrag ein Zwischenschliff nötig um die Flächen wieder zu ebnen. Ansonsten zeichnen sich diese Erhöhungen ab und hinterlassen eine unschöne Oberfläche. Zusätzlich ist bei Arbeiten mit Klebeband oder Schablonenfolie speziell auf die Randbereiche zu achten, da hier das größte Risiko von Fehlern besteht. Gerade unterlaufene Kanten sind unschön anzusehen und meist aufwendig zu retuschieren. Um das Risiko zu minimieren gibt es mehrere Möglichkeiten. Angefangen bei der Wahl des richtigen Klebebands oder Folie bis hin zum Lackmaterial. Nutzt man konventionelles, also lösemittelbasierten Basislack, ist das Risiko nur sehr gering da dieser Basislack sehr schnell trocknet und ein Unterlaufen des Lacks fast nicht möglich ist. Zusätzlich besitzt lösemittelbasierter Basislack genug Hafteigenschaften, um direkt auf der Basislackschicht erneut Abklebearbeiten vornehmen zu können ohne später den Basislack mit dem Klebeband ab zu ziehen. Wird wasserbasierter Farblack verwendet, gibt es mehrere Möglichkeiten. Wasserbasislack bleibt länger nass, neigt dadurch zum unterlaufen und besitzt kaum Hafteigenschaften. Daher ist das Risiko von späteren Fehlstellen doch groß, ebenfalls von Lackablösungen durch den Klebebandeinsatz. Um dieses Risiko etwas zu minimieren gibt es Klebebänder mit nur mäßiger Klebekraft, allerdings ist das Risiko des Unterlaufens dadurch wieder erhöht. Um dieses zu verhindern können die Randbereiche des Klebebands dünn mit der Untergrundfarbe überlackiert werden. Dadurch schließen sich letzte Poren und ein Unterlaufen wird verhindert. Eine andere Möglichkeit ist nach demselben Prinzip einen transparenten Basislack einzusetzen um die Kantenbereiche zu versiegeln. Wichtig ist hierbei aber, diesen Farbauftrag nicht zu dick aufzutragen, damit es nach der ebenfalls möglichst geringen Folgebeschichtung beim Entfernen der Maskierung nicht zu Ab-oder Ausreisern der Farbschicht kommt. Um Risikofrei auf dem Wasserbasislack abkleben zu können, kann dieser gehärtet werden. Durch Hinzufügen des Härters verändern sich die Hafteigenschaften und die Farbschicht kann ohne zusätzliches Isolieren mit Klarlack weiter bearbeitet werden. Dadurch bleibt die Lackschichtdicke geringer und durch den Klarlack notwendige Trocknungszeiten und Schleifarbeiten vor der Weiterverarbeitung entfallen. Allerdings ist hier darauf zu achten, in welchem Zeitfenster nach der Härtung der Klarlackauftrag erfolgen muss, um keine Haftungsprobleme zu bekommen. Aufgrund dieser ganzen Punkte, ist für Gestaltungsarbeiten der Einsatz von konventionellem Lackmaterial deutlich einfacher, schneller und wirtschaftlicher, aber aufgrund der VOC Verordnung leider nur noch sehr beschränkt zulässig. Daher ist eine genaue Planung der Arbeitsschritte notwendig um möglichst effizient und Materialsparend arbeiten zu können. Durch eine sinnvolle Planung lassen sich unnötige Klarlackgänge und zeitintensive Zwischenschliffe vermeiden. Aufgrund der vielfältigen Möglichkeiten sind Klebebänder

Abb. 5.47 Grafik auslackiert

und Schablonenfolie bei Designlackierungen unverzichtbar und neben der Lackierpistole wohl das wichtigste Werkzeug. Abb. 5.47 zeigt ein Beispiel für das Aufbringen von Schriften oder Objekten mithilfe einer Schablonenfolie gemischt mit anderen Lacktechniken. Das Motiv wird aus der Folie ausgehoben und lackiert. Es lassen sich auch negativ und positiv auslackierte Schriften problemlos miteinander kombinieren oder überlagern wie in Abb. 5.48 zu sehen ist.

Hierbei muss nur darauf geachtet werden, das die hintere Schrift von der Vorderen nicht zu sehr überdeckt wird und dadurch unlesbar wird. Abb. 5.49 und Abb. 5.50 zeigen Beispiele für den Einsatz von Klebe- und Zierlinienband um Grafische Elemente zu erschaffen oder Flächen klar abzugrenzen. Teilweise gemischt mit anderen kreativen Lacktechniken. Mit dem Klebeband lassen sich scharfe und klare Kanten problemlos darstellen. Bei Abklebearbeiten muss nur darauf geachtet werden, die Maskierung großflächig vor zu nehmen um Fehlstellen durch Overspray zu vermeiden.

Abb. 5.48 Beschriftung mit Schablonenfolie

Abb. 5.49 Gestaltung mit Klebeband

Abb. 5.50 Abgrenzung der Flächen durch Klebeband

5.2.7 Schleiftechnik auf Metall

Die Durchschlifftechnik ist vermutlich fast jedem Lackbegeisterten bekannt. Hierbei wird der Untergrund in mehreren Farbschichten gestaltet, welche im Anschluss teilweise wieder abgeschliffen werden. Durch diese Durchschliffstellen kommen nun die Untergrundfarben wieder zum Vorschein was ein interessanten Farbenspiel oder einen extremen Used-look entstehen lässt. Deutlich moderner und interessanter ist es aber, Metallische Flächen mit einer Schleiftechnik zu versehen, die später sichtbar bleibt und durch Lichtreflektionen einen ungeahnten dreidimensionalen Effekt erstrahlen lassen. Gemischt mit anderen kreativen Lacktechniken und modernen Effektlacken wie beispielsweise den Candylacken, entstehen atemberaubende Oberflächen wie in Abb. 5.51 zu sehen ist. Obwohl diese Technik schon lange bekannt ist, wurde diese durch einen Künstler aus dem asiatischen Raum, welcher komplette Fahrzeuge mit dieser Technik veredelte, wieder belebt und neu interpretiert. Ebenfalls gibt es einen bekannten Künstler aus den vereinigten Staaten, der sich diese Technik zu nutze macht und diese mit Effektlacken, Beleuchtung und Airbrusharbeiten mischt. Um die grundlegende Schleiftechnik auf einem metallischen Untergrund entstehen zu lassen, braucht es nur ein passendes Objekt aus unbeschichtetem Metall. Zuerst muss die blanke Fläche gereinigt und entfettet werden. Ich habe für dieses Beispiel eine Aluminiumplatte verwendet. Anschließend wird die Fläche geschliffen und das gewünschte Muster erstellt wie auf Abb. 5.52 zu sehen ist. Ich nutze hierfür eine kleine Schleifmaschine mit Scheiben der Körnung P120 oder für ein etwas dezenteres

Abb. 5.51 Schleiftechnik auf Aluminium mit Candylack

Muster eine Polyesterschleifscheibe. Je dichter und überlagernder das Muster geschliffen wird, je extremer ist später die Tiefenwirkung und der Effekt. Je nach Linienführung lassen sich hier ganz unterschiedliche Muster gestalten oder auch nur teilbereiche bearbeiten wie Abb. 5.53 am Beispiel eines Karo-Musters zeigt. Wichtig hierbei ist, das die Linienführung einheitlich bleibt um ein klares Muster entstehen zu lassen. Arbeitet man kreuz und quer, entsteht schnell eine chaotische Oberfläche die weit weg von Eleganz und Anmut ist. Nachdem die Fläche fertig mit dem Schleifer bearbeitet wurde, muss wieder ordentlich gereinigt werden um den ganzen Schleifstaub zu entfernen. Sollten hier noch Fehlstellen im Muster sein, kann problemlos nachgearbeitet werden bis das gewünschte Ergebnis erreicht wurde und die geschliffene Fläche fehlerfrei ist. Ein Beispiel hierfür zeigt Abb. 5.54 bei dem die anfangs genannte Aluminiumplatte mit einer Schleiftechnik im Stil des asiatischen Künstlers versehen wurde. Nun wird ein spezieller Haftgrund aufgetragen um den weiteren Lackaufbau zu ermöglichen. Wichtig ist hier, das dieser Haftgrund transparent ist um das Schleifmuster nicht abzudecken. Ich verwende hier einen Alu-und Zinkprimer von Peter Lacke, welcher aus der Automobilindustrie kommt und für

Abb. 5.52 Schleifspuren werden aufgebracht

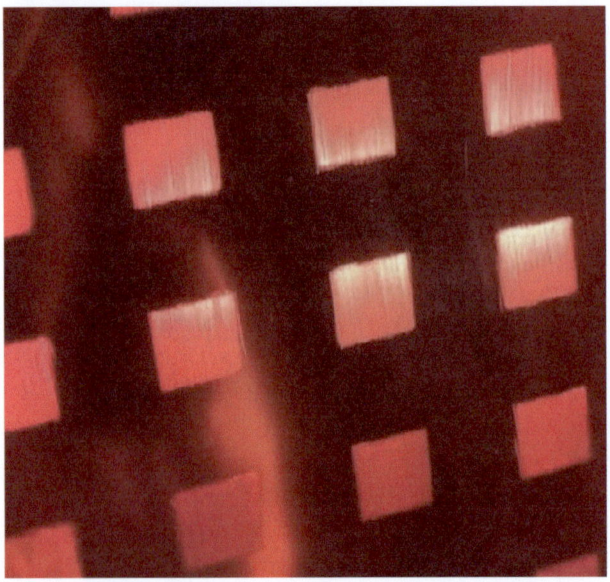

Abb. 5.53 Karo-Muster durch Schleiftechnik auf Kupfer

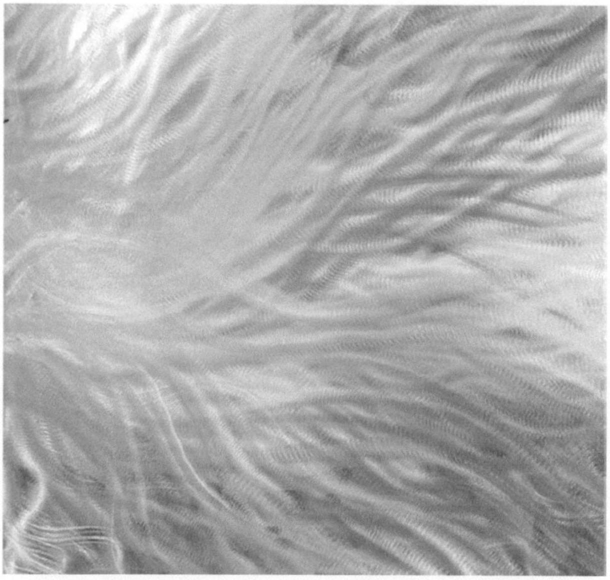

Abb. 5.54 Schleiftechnik auf Aluminium

den Einsatz auf polierten Alu- und Zinkflachen konzipiert wurde. Dieser Primer ist ein Einkomponentenlack, sehr einfach in der Anwendung und kostengünstig in der Anschaffung. Durch das aufrauhen der Oberfläche beim Schleifen wird die Haftung des Produktes sogar noch verbessert, was einen idealen Untergrund schafft. Auf diesen Primer werden nun mehrere Gänge Klarlack aufgebracht wie in Abb. 5.55 zu sehen ist und diese zwischen geschliffen um die Fläche wieder eben zu bekommen und die Höhenunterschiede in den Schleifriefen auszugleichen. Je nach Tiefe der Schleifspuren, muss dieser Vorgang gegebenenfalls wiederholt werden um eine Ebene Oberfläche zu bekommen. Diese ist aber für eine weitere Bearbeitung notwendig, da sich ansonsten Effektlacke in den Vertiefungen absetzen und dadurch Fehlstellen verursachen können. Nachdem die Fläche wieder Glatt ist, kann das Objekt je nach Wunsch weiter verarbeitet werden. Ich habe, wieder angelehnt an den asiatischen Künstler und dessen Stil, mit Zierlinienband ein Linienmuster aufgeklebt wie auf Abb. 5.56 zu sehen und diese an den Randbereichen leicht mit weißem Basislack angenebelt was Abb. 5.57 zeigt.

Nachdem das Klebeband wieder entfernt wurde, wird die Flache in mehreren Schichten mit einer Candy-Lasur eingefärbt wie Abb. 5.58 zeigt. Um die Tiefenwirkung zu intensivieren sollten hier 3–4 Schichten aufgebracht werden, je nach gewünschtem Ergebnis.

So erscheint das Objekt ohne direkte Lichtquelle in einem satten Candyfarbton wie Abb. 5.59 zeigt. Sobald aber eine Lichtquelle zum Einsatz kommt, kommen die Schleifspuren der Metalloberfläche wieder zum Vorschein und es entsteht ein dreidimensionales Erscheinungsbild mit maximaler Tiefenwirkung. Diese Technik funktioniert allerdings

Abb. 5.55 Schleiftechnik mit Klarlack beschichtet

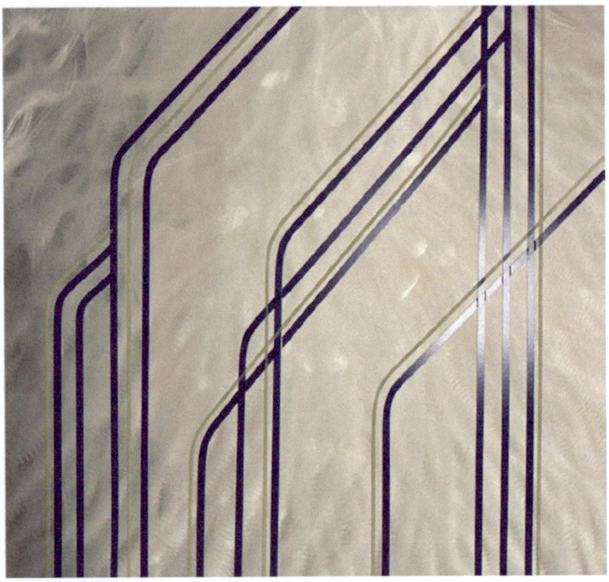

Abb. 5.56 Klebebandmuster wird aufgebracht

Abb. 5.57 Muster wird mit weiß an genebelt

Abb. 5.58 Fläche mit zwei Gängen Candylack

nur auf metallischen Flächen, da hier die Lichtreflektion des Metalls ausgenutzt wird. Bei der Gestaltung von Objekten aus verschiedenen Materialien Kann diese Technik nur auf den metallischen Teilbereichen angewendet werden. Um hier ein harmoschisches Gesamtbild zu erschaffen, sollten die angrenzenden, nicht-metallischen Flächen mit einem passenden Grundfarbton versehen werden. Mit diesem Grundfarbton wird dann die

Abb. 5.59 Fläche mit vier Schichten Candylack

Abb. 5.60 Bierfass mit Schleiftechnik und Candylack

metallfläche an den Randbereichen ebenfalls überarbeitet und die Ränder ausgeblendet. Anschließend wird die Candy-Lasur über alle Bereiche gleichmäßig aufgebracht. Siehe zum Thema Candylacke auch Abschn. 4.8. So entsteht trotz unterschiedlichen Materialien ein gleichmäßiger und Harmonischer Gesamteindruck.

Abb. 5.60 zeigt ein Beispiel. Hier wurde ein 5L Bierfass mit der Schleiftechnik bearbeitet. Anschließend wurde dieses mit einem dunkelroten Candylack in mehreren

Schichten eingefärbt. Ohne Sonneneinstrahlung wirkt das Fass dunkelrot, mit Sonne kommt die Schleiftechnik zum Vorschein.Mit dieser Technik lassen sich einfache Alltagsgegenstände aus Metall sehr wirkungsvoll in Scene Setzen und optisch aufwerten.

5.2.8 Wassertropfentechnik

Ein absoluter Klassiker der kreativen Lacktechniken welche auf Abb. 5.61 zu sehen ist. Vermutlich ist diese durch versehentliche Wasserrückstände während des Lackiervorgangs zufällig entdeckt worden. Allerdings funktioniert diese Technik nur mit konventionellem Lackmaterial, da diese Technik auf der Unverträglichkeit von Wasser und Lösemittel beruht. Ebenfalls ist dieser Effekt nur für liegende Flächen wirklich gut geeignet, was die Anwendbarkeit doch ziemlich einschränkt. Daher muss ich gestehen, ich habe diese Technik zwar bereits öfter auf Musterplatten umgesetzt, jedoch noch nie bei einer Designarbeit

Abb. 5.61 Wassertropfentechnik

eingesetzt. Durch die Wölbung der Wassertropfen ist mehr Oberfläche bei Farbauftrag vorhanden. Trocknen die Wasserflecken, so entsteht hier eine erhöhte Farbdichte im Vergleich zu den restlichen Flächen, da auf dem gewölbten Tropfen mehr Farbnebel lag welcher jetzt durch das verdunsten des Wassers gesammelt auf der Fläche liegt. Beim Einsatz von Wasserbasislacken vermischen sich diese mit den Wassertropfen und der Effekt geht verloren. Es entstehen lediglich durch die unterschiedliche Pigmentdichte und Ausrichtung unschöne Flecken. Um diese Technik anzuwenden, benötigt man eine liegende Fläche. Auf diese werden Wassertropfen aufgebracht. Vorzugsweise wird hierfür destilliertes Wasser verwendet um spätere Haftungsstörungen oder Flecken durch Kalk oder Mineralstoffe zu vermeiden. Das Wasser einfach mit den Händen auf die Oberfläche spritzen bis die gewünschte Tropfenmenge erreicht ist wie in Abb. 5.62 zu sehen ist. Anschließend werden die Tropfen in einem möglichst flachen Winkel und mit wenig Druck von einer Seite mit einem hellen, und von der anderen Seite mit einem dunklen Farbton an genebelt. Beispielhaft zeigt Abb. 5.63 das Lackieren von einer Seite mit einem weißen Basislack. Auf Abb. 5.64 ist das selbe Vorgehen mit einem schwarzen basislack von der entgegen gesetzten Seite abgebildet. Wichtig ist hierbei vorsichtig vor zu gehen um die Tropfen durch die Druckluft nicht weg zu blasen oder zu verändern. Nachdem beide Seiten bearbeitet wurden, muss das Objekt ruhen bis die Wassertropfen restlos verdunstet sind. Im Anschluss können je nach Vorliebe die Tropfen noch weiter bearbeitet oder so belassen werden.

Abb. 5.62 Wassertropfen auf der Oberfläche

Abb. 5.63 Fläche wird mit weißem Basislack lackiert

Abb. 5.64 Fläche wird mit schwarzem Basislack lackiert

Abb. 5.65 Klarlack als Wassertropfen

Ebenfalls ist es möglich, diesen Effekt in dreidimensionaler Wirkung und Oberfläche zu erschaffen. Hierfür kommt lediglich Klarlack statt Wasser zum Einsatz und kann, wenn gewünscht, ebenfalls ganz leicht an genebelt werden, hierfür dann mit Wasserbasislack. Diese Möglichkeit zeigt Abb. 5.65 beispielhaft. Nutzt man zu viel, verschwimmt der Basislack auf den Klarlacktropfen und mischt sich in die Tropfen. Aber auch ohne den Einsatz von Kontrastfarben reicht der Effekt bereits aus um realistische Wassertropfen inklusive deren natürlichen Lichtspiegelungen auf der Oberfläche zu hinterlassen. Durch Kontrastfarben zeichnen sich diese aber noch etwas mehr ab. Allerdings funktioniert dieses nur auf liegenden Flächen, da der Klarlack ansonsten zu laufen beginnt, was den Effekt zerstören würde. Die Wassertropfen Technik ist zwar schon älter, aber dennoch auch heute noch sehr beliebt und ein absoluter Hingucker.

5.2.9 Pigment-Puste Technik

Ob es für diese Technik eine wirklich korrekte Bezeichnung gibt ist mir unbekannt, gehört habe ich aber schon viele Namen. Hierbei wird ein transparenter Basislack oder Klarlack in ordentlicher Schichtstärke auf die Oberfläche lackiert. In die noch nasse Lackschicht werden nun Farbpigmente, Glitzerflakes oder Ähnliches gepustet wie Abb. 5.66 zeigt. Hierbei entstehen je nach Farbe und Anordnung interessante Muster und Farbenspiele, welche an Feuerwerk oder eine Galaxie erinnern. Hierbei können unterschiedlichste Pigmente oder auch Flakes Verwendung finden. Die Pigmente können durch Luft gepustet, oder auch von Hand auf die Oberfläche geworfen und anschließend abgeblasen werden. Welche Variante hierfür genutzt wird, bleibt dem Anwender je nach gewünschtem Ergebnis selbst überlassen.

In diesem Beispiel wurden wie auf Abb. 5.67 und 5.68 zu sehen Pigmente in unterschiedlichen Winkeln mithilfe von Druckluft auf die Oberfläche aufgeblasen.

Abb. 5.66 Pigment-Puste Technik

Abb. 5.67 Orange Pigmente werden aufgepustet

Abb. 5.68 Violette Pigmente werden aufgebracht

5.2.10 Sprenkel Technik

Ist eine sehr einfache Art der Oberflächengestaltung welche Abb. 5.69 zeigt. Zugegeben, mittlerweile etwas altmodisch und in die Jahre gekommen, dennoch aber voller Möglichkeiten. Um diese Technik anzuwenden benötigt man nur einen vorbereiteten Untergrund und die gewünschte Farbe oder auch Farben. Nun wird der Druck der Pistole so lange herunter gedreht, bis eine Zerstäubung der Farbtropfen nicht mehr möglich ist. Die Pistole beginnt zu „spucken“. Je weniger Druck, je dicker werden die kleinen Tropfen. Je mehr Druck, je feiner die Zerstäubung und kleiner die kleinen Tröpfchen. Hier kann nun der Druck passend zur Wunsch Tropfengröße eingestellt und im Anschluss die Fläche mit der Farbe gesprenkelt werden bis der gewünschte Effekt erreicht ist wie auf Abb. 5.70 zu sehen ist. Sollte der Druck nicht weit genug nach unten gedreht werden können, kann auch der Luftschlauch durch knicken abgedrückt und dadurch der Luftdruck verringert werden. Finden mehrere Farbtöne wie auf Abb. 5.71 Verwendung, entstehen interessante

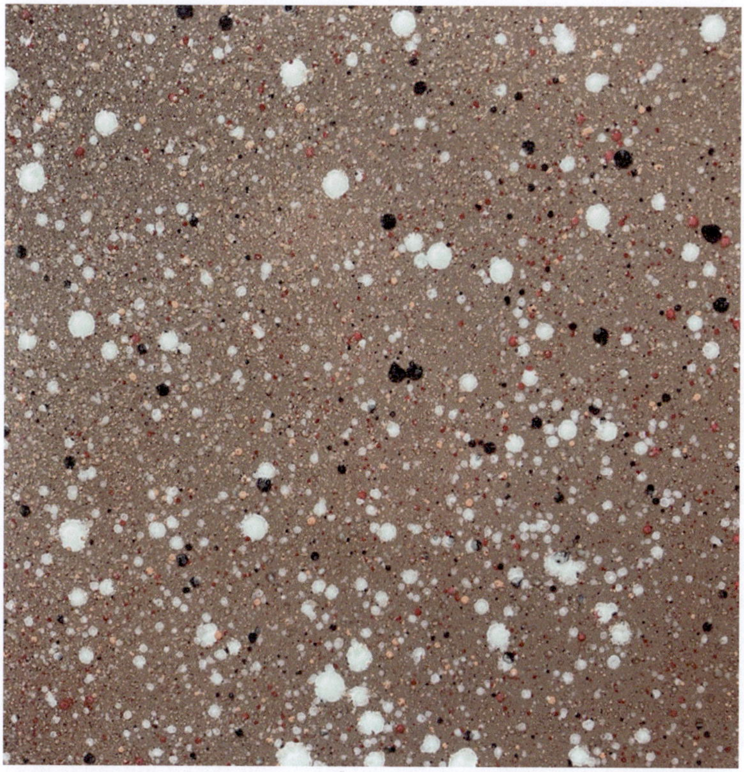

Abb. 5.69 Sprenkel Technik

Abb. 5.70 Sprenkeln der Oberfläche

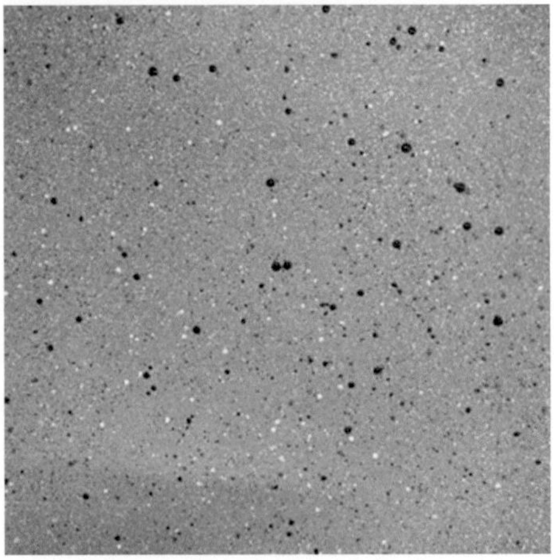

Abb. 5.71 Sprenkeln mit der zweiten Farbe

Farbkombinationen. So muss das Deko nicht immer an eine alte Küchenarbeitsplatte erinnern, sondern kann auch in knalligen und modernen Farbvarianten gestaltet werden. Je nach Verarbeitung entstehen unterschiedliche Muster. Werden die verschiedenen Farben nacheinander aufgetragen, verlaufen diese teilweise miteinander solange die Tropfen noch nass sind. Lässt man die Schichten trocknen, bleiben die tropfen akkurat rund. Ich nutze diese Technik gerne mit Silber und weiß auf einem dunklen Hintergrund. Im Anschluss kommt meist noch ein Farbiger Candylack zur Anwendung. Ebenfalls kann diese Sprenkel Technik wunderbar im Airbrushbereich genutzt werden. Hiermit lässt sich innerhalb weniger Augenblicke ein Sternenhimmel auf sprenkeln oder Luftblasen in eine Unterwasserlandschaft einfügen. Für kleinere Sprenkel oder Bereiche lässt sich diese Technik mit einer Airbrushpistole anwenden, für größere Flächen nutze ich eher eine Spot Repair Pistole.

5.2.11 Rußtechnik

Wie der Name schon sagt, wird hier Ruß auf die Oberfläche aufgebracht wie Abb. 5.72 zeigt. Hierfür können Kerzen, Feuerzeuge oder auch Brenner genutzt werden. Wichtig ist nur, es muss eine Flamme sein, die Ruß produziert. Das Objekt wird mit dem Feuer so lange bearbeitet, bis das gewünschte Muster entsteht. Je größer die Flamme, je gröber und ausladender wird das Muster. Daher sollte die Flammengröße der Objektgröße angepasst werden. Wichtig ist hierbei, das der Untergrund komplett durchgetrocknet und ausgegast ist, ansonsten besteht Brand- oder Explosionsgefahr! Ebenfalls ist auf ausreichende Belüftung zu achten. Die Flamme wird langsam aber stetig über die Oberfläche gezogen wie auf Abb. 5.73 mit einer Kerze und auf Abb. 5.74 mit einem Feuerzeug zu sehen ist. Hierdurch entstehen die Rußablagerungen, welche einen sehr dekorativen und mystischen Charakter besitzen können. Dabei ist darauf zu achten, das die Hitzeeinwirkung auf der Oberfläche nicht zu groß wird und das Material oder die Grundbeschichtung dadurch Schaden nehmen. Um die beste Flammenführung zu finden, sind im Vorfeld ein

Abb. 5.72 Rußtechnik auf verschieden farbigem Untergrund

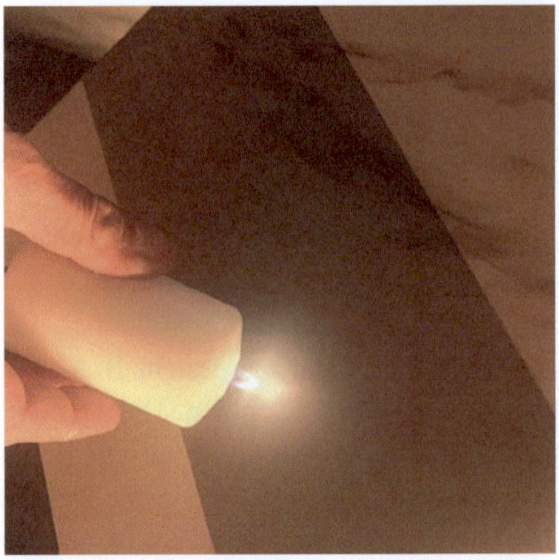

Abb. 5.73 Rußtechnik mit einer Kerze

Abb. 5.74 Rußtechnik mit Feuerzeug

paar Versuche empfohlen. Ebenfalls können auch nur Teilbereiche gestaltet oder abgeklebt werden. Hierbei gibt das besondere Augenmerkt der Unversehrtheit des Klebebands und Abdeckmaterials. Da der Ruß nur auf der Oberfläche aufliegt und keinerlei Hafteigenschaften besitzt, darf die Oberfläche vor dem ersten Klarlackauftrag nicht berührt werden. Ansonsten verwischen die Rußspuren und es entstehen Flecken im Muster. Nachdem die erste Klarlackschicht aufgebracht wurde, kann die Fläche nach Belieben weiter verarbeitet werden.

5.2.12 Oberflächenvergoldung

Eine weitere Möglichkeit Oberflächen oder Teilbereiche kreativ zu veredeln ist die Vergoldung beziehungsweise das Einlegen von Blattgold oder Schlagmetall wie Abb. 5.75 zeigt. Obwohl echt Gold sehr edel und hochwertig wirkt, eignet sich für die Anwendung unter Klarlack Schlagmetall deutlich besser, da der Effekt von echtem Gold unter Klarlack leidet und abstumpft. Schlagmetall gibt es in verschiedenen Farbtönen, aus Messing oder Kupfer für Gelb-oder Roségold, in Silber, bunt, geflammt oder natürlich.

Für den Einsatz von Schlagmetall wird eine spezielle Anlegemilch benötigt, welche mit dem Pinsel oder der Lackierpistole auf die Oberfläche aufgetragen wird. Ein Beispiel hierfür zeigt Abb. 5.76 mit Anlegemilch, Pinsel und Klebeband um Konturen abzudecken. Hierbei ist zu beachten, das jede Form von Unebenheit später in der Metalloberfläche sichtbar bleibt. Daher ist auf einen sauberen Untergrund und einen gleichmäßigen Auftrag der Anlegemilch zu achten. Selbst Pinselstriche zeichnen sich später im hauchdünnen Blattgold oder Schlagmetall ab. Daher sollte, wenn eine fehlerfreie Oberfläche

Abb. 5.75 Designelement mit Blattgold

Abb. 5.76 Anlegemilch, Pinsel und Klebeband zur Vergoldung

Abb. 5.77 Fläche mit Anlegemilch

gewünscht wird, die Anlegemilch mit einer Lackierpistole aufgebracht werden. Werden nur Teilbereiche bearbeitet, wird die Fläche nach der Untergrundvorbereitung gereinigt und entsprechend maskiert. Anschließend kann die Anlegemilch wie auf Abb. 5.77 aufgebracht werden. Anschließend wird die Maskierung nach der Trocknung der Anlegemilch entfernt. Da Schlagmetall nur auf der beschichteten Fläche haftet, ist die Maskierung nicht mehr notwendig. Zusätzlich wird das Risiko von ausgerissenen Kanten deutlich verringert, da das Schlagmetall nicht an der Maskierung kleben bleibt. Ist die Anlegemilch soweit getrocknet wird der entsprechende Bereich großzügig mit dem Schlagmetall belegt wie auf Abb. 5.78 zu sehen, dieses angedrückt und mit einem feinen Tuch poliert. Es ist auch möglich, einen gebürsteten Look durch leichtes Schleifen zu erreichen, je nach Vorliebe. Überschüssiges Material kann wie auf Abb. 5.79 problemlos durch abfegen mit einem Rasierpinsel entfernt und anschließend mit einem speziellen Poliertuch auch Hochglanz poliert werden. Ein Beispiel hierfür zeigt Abb. 5.80 einer polierten Vergoldung. Sollten die Randbereiche nicht ganz sauber sein, können diese ebenso wie die Fläche nach erfolgter Klarlackschicht überarbeitet werden. Im Zweifelsfall den zu vergoldenden Bereich etwas größer anlegen. So können später die Randzonen einfach überlackiert und

Abb. 5.78 Schlagmetall auflegen

Abb. 5.79 Überschüssiges Material wir abgefegt

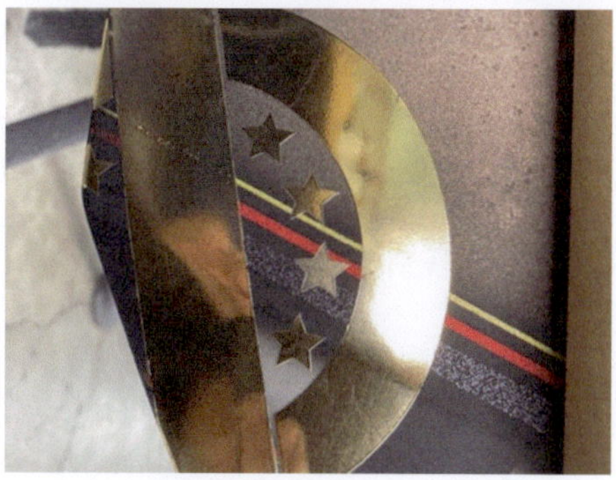

Abb. 5.80 Polierte Fläche

dadurch retuschiert werden. Durch verschiedene Schleiftechniken können unterschiedliche Effekte noch zusätzlich aufgebracht werden. So lassen sich mit einem Schleifstempel wie auf Abb. 5.81 zu sehen, kreisrunde Muster aufbringen die verschiedene Lichtspiegelungen hervorrufen. So einen Schleifstempel lässt sich problemlos selbst herstellen. Ich habe dafür eine alte, runde Plastikdose genutzt. Hier wird auf die Unterseite ein ebenfalls rundes Schleifmittel P3000 geklebt. Mit diesem Stempel setzt man auf die Oberfläche auf

Abb. 5.81 Schleifstempel

und macht eine viertel Umdrehung unter leichtem Druck. Anschließend wird der Stempel eine halbe Breite versetzt und der Vorgang wiederholt. Ebenfalls kann Schlagmetall auch mit Candy-Farbtönen überlackiert und eingefärbt werden. So bleibt die Charakteristik von Metall erhalten trotz verschiedenster Farbgebungen. Allerdings sollte vor jeder Art der weiteren Verarbeitung das Schlagmetall mit einer Klarlackschicht gesichert werden. Zusätzlich lassen sich dadurch Höhenunterschiede ausgleichen, welche im Nachgang zu Farbansammlungen führen würden. Auch kann Schlagmetall künstlich gealtert werden. Gerade Messing oder Kupfer altern durch den Einsatz von Essigessenz und etwas Salz innerhalb weniger Stunden. Besprüht man Messing mit dieser Mischung aus wasser, Essig und Salz, entstehen innerhalb weniger Minuten braune, verwitterte Bereiche. Bei Kupfer entstehen schnell matte stellen, aber die komplette Alterung entsteht erst über Nacht.

Abb. 5.82 zeigt ein Beispiel für gealtertes Kupfer. Hier wurden die Holzzahnräder dunkel grundiert und mit Schlagmetall Kupfer belegt. Dieses wurde nach dem polieren mit dem bereits beschriebenen Rostaktivator aus Abschn. 4.5 bestehend aus Essigessenz, Salz und Wasser benetzt. Nach einer Stunde Einwirkzeit wurden die Zahnräder kurz in Wasser getaucht um die Salzkrusten abzulösen und anschließend über Nacht getrocknet. Über Nacht bildeten sich klar erkennbare Verwitterungsspuren, welche einen extremen Used-Look verleihen.

Abb. 5.82 Schlagmetall Kupfer, künstlich gealtert

5.2.13 Spachtelrelief

Hierbei werden Teilelemente wie Schriften oder Flächen dreidimensional hervorgehoben. Dadurch werden diese auch ohne Kontrastfarbe sichtbar und verleihen ein einzigartiges Erscheinungsbild wie Abb. 5.83 zeigt. Um ein Spachtelrelief zu realisieren werden die gewünschten Bereiche wie aus Abb. 5.84 zu sehen freigelegt und die Ränder mit Klebeband oder Schablonenfolie abgedeckt. Es ist auch möglich eine Schablone aus Karton zu fertigen. Der Vorteil hierbei ist, das diese gleichzeitig als Erhöhung dient und bis an die Kante gespachtelt werden kann. Dadurch erhällt das Relief direkt eine gleichmäßige Höhe. Im Anschluss wird Spachtelmasse möglichst eben und gleichmäßig aufgebracht. Sobald der Spachtel mit der Trocknung beginnt, muss die Maskierung entfernt werden um Ausbrüche zu vermeiden. Entfernt man die Maskierung zu früh, können die abgedeckten Bereiche mit Spachtelmasse verschmiert werden, entfernt man sie zu spät, können Teile des Spachtels ausbrechen. Daher ist ein gutes Timing und schnelles arbeiten notwendig. Um das Ganze etwas zu vereinfachen, können wie auf Abb. 5.85 auch nur Teilbereiche in einem Arbeitsgang abgespachtelt werden. Nachdem alle Flächen bearbeitet wurden und

Abb. 5.83 Spachtelrelief auf Musterplatte

Abb. 5.84 Maskierfolie aufkleben

Abb. 5.85 Teilbereiche werden gespachtelt

Abb. 5.86 Fertiges Spachtelrelief

getrocknet sind, kann die Fläche mit Schleifmitteln bearbeitet werden um ein einheitliches Höhennivou und eine gleichmäßige Erscheinung zu schaffen. Abb. 5.86 zeigt das fertig geschliffene Relief. Es sollten keine groben Unebenheiten verbleiben, da ein zu dicker Füllerauftrag das Relief verschwemmen kann. Ist die Spachtelfläche fertig vorbereitet, erfolgt ein normaler Lackaufbau. Abb. 5.87 zeigt ein fertig lackiertes Spachtelrelief.

Abb. 5.87 Fertig lackiertes Spachtelrelief

Je nach gewünschter Erscheinung können auch bewusst Ausbrüche in Kauf genommen werden. Dieses verleiht dem Objekt einen gealterten Charakter. Besonders wirkungsvoll kommt dies bei einer Endbeschichtung mit einem Rosteffekt oder einer Vergoldung zur Geltung und verleit einen edlen Vintage-Look. Es sollte darauf geachtet werden, diese Technik nur auf nicht schwingenden Flächen anzuwenden um Rissbildung durch Schwingungen zu vermeiden. Ebenfalls sollte der Spachtelauftrag nicht zu dick gewählt werden. Einige Millimeter sind bereits vollkommen ausreichend um den gewünschten Effekt zu erzielen. Eine zu dicke Schicht kann nach einiger Zeit unter Umständen zu Brüchen, Rissen oder Abplatzungen führen. Hierfür reichen auch schon leichte Schwingungen des Objekts oder auch ein Dehn- und Schwundverhalten aufgrund Temperaturschwankungen aus.

► **Tipp** *Mit UV-Spachtelmasse kann in Ruhe gearbeitet werden da der Spachtel erst trocknet, wenn dieser aktiviert wird.*

Auf Abb. 5.88 wurde ein Rostpunkt auf der Motorhaube genau am Übergang der beiden Farben entfernt. Da lediglich ein „Pflaster" gewünscht wurde um die aufwendige Farbtonangleichung zu vermeiden, wurde exakt dieses dreidimensional umgesetzt. Hier wurde im 3 Etappen gespachtelt, um die Höhenunterschiede der einzelnen Teilbereiche zu modellieren. Im Anschluss wurde alles farblich noch passend gestaltet.

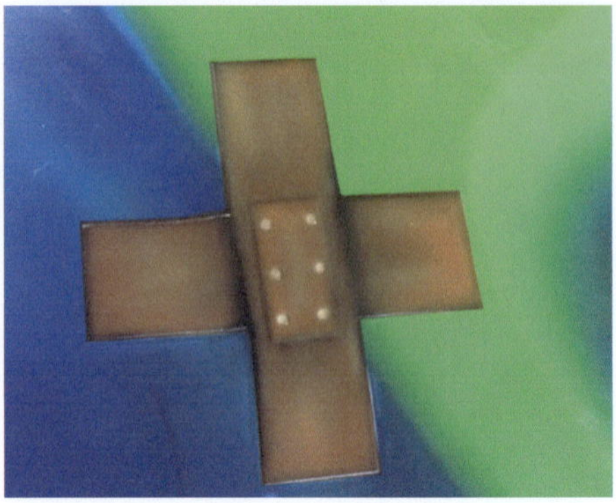

Abb. 5.88 Spachtelrelief „Pflaster“

5.2.14 Wassertransferfolie

Es ist zwar keine Lackiertechnik im eigentlichen Sinne, allerdings lässt sich auch diese Technik sehr gut in Designarbeiten von kleineren Objekten einbinden oder auch komplette Gegenstände sehr schnell und einfach dekorativ gestalten wie Abb. 5.89 zeigt. Auf dem Markt gibt es, wie auf Abb. 5.90 beispielhaft zu sehen ist, verschiedenste Designs an Wassertransferfolie zu kaufen. Von Carbon und gebürstetem Aluminium, bis hin zu Comic ist so ziemlich für jeden Geschmack etwas zu finden. Um mit der Wassertransferdruckfolie zu arbeiten gibt es einiges an Ausrüstungs- und Hilfsmittel zu kaufen. Aber grundsätzlich und für kleinere Arbeiten benötigt es gar nicht so viel an Equipment. Neben der Folie selbst und dem passenden Aktivator reicht ein Behältnis für Wasser welches groß genug für das zu tauchende Objekt ist, ein Badewannenthermometer und eine Rolle Klebeband. Zu Beginn muss das Objekt wie für eine Lackierung passend vorbereitet werden. Nachdem dieses geschliffen und gereinigt wurde, kann Wasser in das Behältnis gefüllt werden. Es sollte groß genug sein, damit das Objekt problemlos eingetaucht und komplett unter Wasser geführt werden kann. Mit dem Badewannenthermometer lässt sich die genaue Wassertemperatur des Tauchbeckens überprüfen und einstellen durch Zugabe von warmem oder kaltem Wasser. Bei der von mir verwendeten Folie sollte die Wassertemperatur etwa 30 °C betragen. Anschließend wird die Folie vorbereitet. Hierzu wird ein Folienstück in passender Größe ringsum mit Klebeband an den Rändern stabilisiert wie Abb. 5.91 verdeutlicht. Dieser Klebeband-Rand sorgt dafür, das sich die Folie beim Kontakt mit wasser nicht zusammen rollt. Zusätzlich wird die Folie beim aufbringen des Aktivators in Form gehalten und verzieht sich nicht. Zuerst muss aber geklärt sein, welche Seite auf die Wasseroberfläche gelegt werden muss und welche keine Berührung mit dem Wasser haben darf. Je nach Hersteller sind die Folien gekennzeichnet oder dieses ist in den Hinweisen beschrieben. Ansonsten können auch zwei angefeuchtete Finger zur Hilfe genommen werden. Wird die Folie mit zwei angefeuchteten Fingern genommen, klebt diese auf einer Seite. Diese klebende Seite muss kontakt zum Wasser haben. Ist die Folie vorbereitet und das Wasser richtig temperiert, kann es los gehen. Wie Abb. 5.92 zeigt, wird die Folie

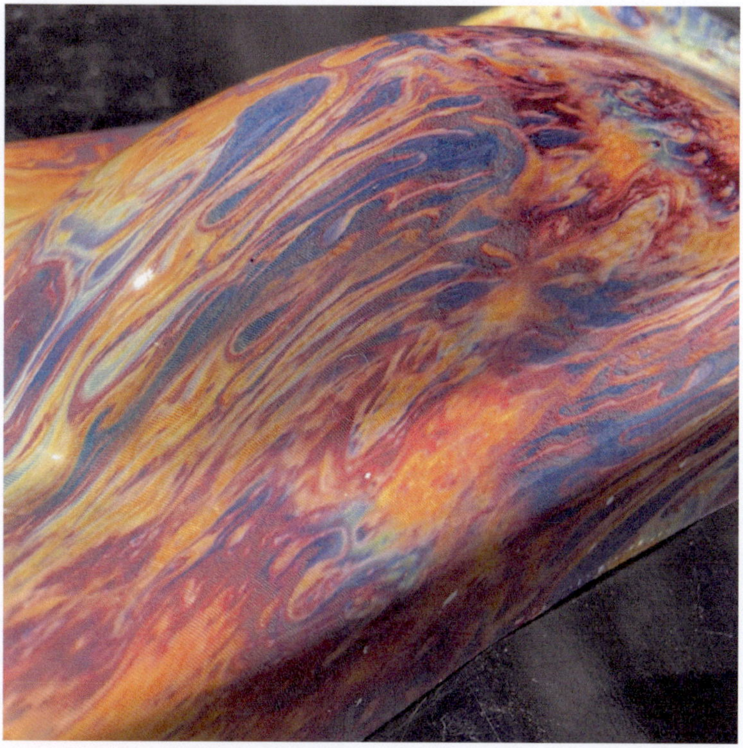

Abb. 5.89 Wassertransferdruck auf Carshape

Abb. 5.90 Beispiele für Folien

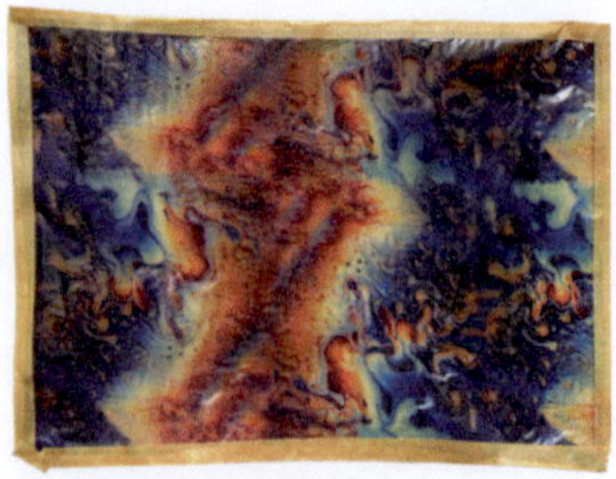

Abb. 5.91 Vorbereitete Folie

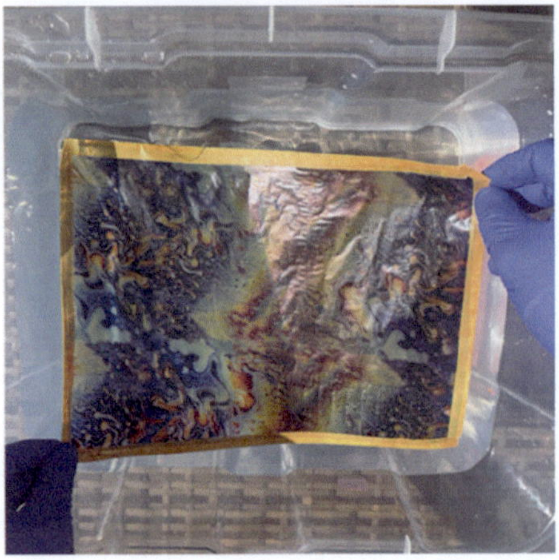

Abb. 5.92 Folie wird ins Wasser gelegt

vorsichtig ins Wasserbad gelegt. Hierbei ist darauf zu achten, das diese flächig und ohne Luftblasen auf der Wasseroberfläche aufliegt. Nun muss die Folie etwa 90 Sekunden einweichen. In dieser Zeit kann der Aktivator vorbereitet und das zu beschichtende Objekt bereit gelegt werden. Nach der Einweichzeit wird nun die Folie vollflächig und gleichmäßig mit dem Aktivator besprüht wie auf Abb. 5.93 zu sehen ist. Den Aktivator gibt es sowohl in Spraydosen, als auch für die Lackierpistole. Die Folie beginnt zu glänzen und wird angelöst. Sind die Folienränder nicht mit Klebeband fixiert, beginnt die Folie sich jetzt schnell und stark auszubreiten. Dadurch werden Motive verzerrt oder gestreckt. In diesem fall ist ein sehr zügiges eintauchen des Objektes notwendig. Nachdem der Aktivator aufgesprüht wurde und dieser fünf bis zehn Sekunden einwirken konnte, wird das Objekt eingetaucht wie Abb. 5.94 zeigt. Hierfür wird das Objekt mit der zu beschichtenden Seite zur Folie in einem schrägen Winkel langsam eingetaucht. Ist das Objekt komplett unter wasser, kann überschüssiges Folienmaterial abgeschüttelt werden bevor das Objekt aus dem Wasserbad genommen wird. Auf Abb. 5.95 ist das fertig beschichtete Objekt zu sehen. Dieses wird nun zur Seite gelegt damit die Folie ein paar Minuten trocknen kann. Anschließend werden sämtliche Rückstände der Folie mit fließendem Wasser vorsichtig abgewaschen. Wird hierfür warmes Wasser genutzt, lösen sich die Rückstände leichter. Es können die Hände zur Hilfe genommen werden, allerdings ist hier Vorsicht geboten um die Folie nicht zu beschädigen. Anschließend muss das Objekt trocknen und kann im Anschluss Klarlackiert werden.

Abb. 5.96 zeigt das fertige Objekt.

Abb. 5.93 Folie wird aktiviert

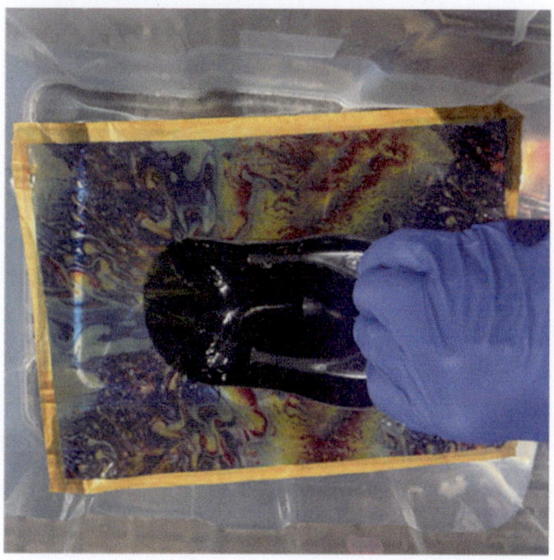

Abb. 5.94 Objekt wird eingetaucht

Abb. 5.95 Fertig beschichtetes Objekt

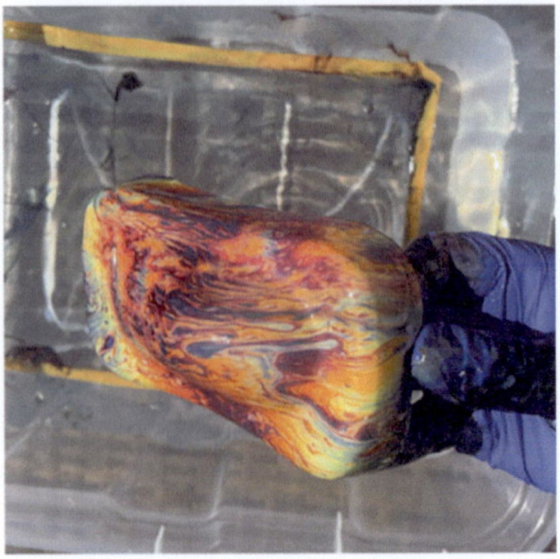

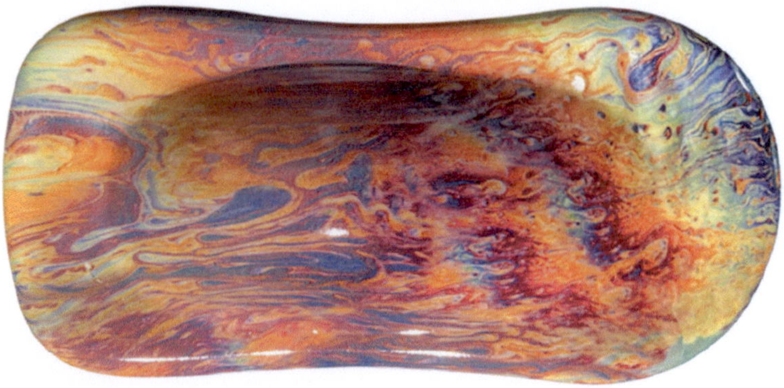

Abb. 5.96 Fertiges Objekt

5.3 Kreative Designtechniken

In diesen Bereich fallen Designstile und Imitationen. Oft werden für Imitationen von Materialien oder Oberflächen kreative Lacktechniken oder Effektlacke eingesetzt um diese möglichst realitätsnah darstellen zu können. Wobei es bei Imitationen nicht immer auf die detailgetreue Nachbildung ankommt, sondern darauf, den Betrachter direkt zu überzeugen. So können beispielsweise hölzerne Flächen auch deutlich übertriebener und markanter gestaltet werden als diese in der Natur vorkommen würden. Wichtig ist nur, dass dem Betrachter sofort und eindeutig klar ist, um was es sich hierbei handelt. Beispiele hierfür sind Spinnfaserlack als Marmoreffekt oder auch die Sprenkeltechnik um Granit darzustellen. Kreative Designstile sind eine Kunst Art, die individuell auf verschiedenen

Untergründen angewendet werden kann, in Unterschiedlichen Formen und Farben entsteht und trotzdem sofort zugeordnet werden kann. Das momentan beste Beispiel hierfür ist der Comic-Style, der mittlerweile stark verbreitet und in vielen Ländern umgesetzt wird. Viele Künstler, unterschiedlichste Objekte, Farben und Interpretationen. Trotzdem ist jedem Betrachter sofort klar, dass es sich bei dem jeweiligen gestalteten Objekt um diesen Stil handelt. Erlaubt ist was gefällt. Wie immer gibt es viele Möglichkeiten das gewünschte Ergebnis zu erzielen. Einfach ausprobieren und den für sich einfachsten Weg heraus finden. Folgend ein paar Beispiele für Imitationen, Stile und Techniken.

5.3.1 Lederimitation

Eine Lederimitation wie in Abb. 5.97 zu sehen ist einfacher wie gedacht. Hierfür wird der der gewünschte Untergrund wie gewohnt vorbereitet. Die Grundfarbe spielt hierbei keine Rolle, da später das komplette Objekt deckend überlackiert wird. Anschließend

Abb. 5.97 Imitation von Leder oder Kunstleder

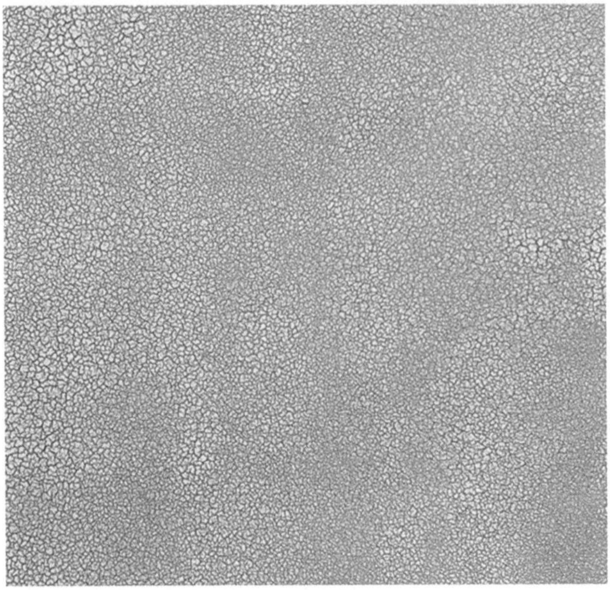

Abb. 5.98 Fläche mit Reisslack

wird die Fläche gründlich gereinigt und ein Reisslack kommt zum Einsatz. Siehe hierzu auch Abschn. 4.4 zur Anwendung von Reisslack. Wichtig ist hierbei, dass der Reisslack möglichst gleichmäßig aufgebracht wird. Je dicker, je breiter und gröber werden die Risse. Je weniger, je feiner und filigraner wird das Ergebnis. Um hier die passende Menge zu finden sind ein bis zwei Versuche notwendig. Ich nutze hierfür einen Reisslack oder auch Krakeliereffekt aus der Spraydose. Diese ist Kostengünstig, zuverlässig im Ergebnis und erspart mir den Reinigungsaufwand der Lackierpistole. Wenn der Reisslack aufgebracht wurde und getrocknet ist wie auf Abb. 5.98 beispielhaft zu sehen, kann die Fläche weiter bearbeitet werden. Nun wird die Fläche mit einem normalen Wasserbasislack im Wunschfarbton des Leders überlackiert. Im Anschluss wird die Fläche mit einem matten Klarlack versiegelt. Je nach Belieben kann die Fläche auch Fleckig oder Wolkig gestaltet werden. Ebenfalls können noch Nähte oder Zierlinien aufgebracht werden. Hier sind der Kreativität keine Grenzen gesetzt. Zum Vergleich zwischen Imitation und Realität zeigt Abb. 5.99 echtes Leder einer Fahrzeugsitzes.

Abb. 5.99 Echtes Leder eines Fahrzeugsitzes

5.3.2 Aluminium gebürstet Imitation

Durch den kreativen Einsatz von Lacken, Schleifmitteln und Werkzeugen lassen sich verschiedenste Oberflächen imitieren. Auch sehr einfach ist es, gebürstete Metallflächen darzustellen wie auf Abb. 5.100 zu sehen ist. Hierfür wird lediglich ein Basislack mit möglichst feinen Silberpigmenten benötigt und etwas Schleifpapier. Um den gewünschten Effekt zu erzielen sind ein bis zwei Versuche von Vorteil. Die spätere Oberflächenwirkung ist abhängig von der Körnung des Schleifmittels und der Feinheit der Silberpigmente. Je gröber das Silber, je schwieriger ist es allerdings, hier später eine homogene Oberflächenwirkung zu erzielen. Ich nutze hierfür das feinste Silber, welches in der Mischbank der Lackhersteller vorhanden ist. Früher gab es hier auch Sonderfarbtöne wie beispielsweise Argentum von Sikkens, welche eine Chromähnliche Oberfläche schaffen. Heute gibt es aber ähnliche Produkte, welche sich ebenso dafür eignen. Zu erst wird der Untergund wie gewohnt vorbereitet. Anschließend erfolgt die Grundbeschichtung. Ich wähle hierfür einen Primer oder dünnen Füller in dunkler Farbe wie Abb. 5.101 zeigt. Der Effekt ansich entsteht durch die gleichmäßig geschliffene Oberfläche wie auf Abb. 5.102 zu sehen ist. Daher ist das Schleifbild hier von elementarer Bedeutung. Dieses muss gleichmäßig und in die selbe Richtung verlaufen. Wird hierbei kreuz und Quer geschliffen ist der Effekt hinüber. Ebenfalls ist hierbei reine Handarbeit gefragt, da auch das Nutzen eines Exzenterschleifers absolut kontraproduktiv ist. Lediglich ein Schleifklotz kann hier

Abb. 5.100 Imitation von gebürstetem Metall

noch seine Dienste verrichten und als Hilfsmittel dienen. Ich beginne den Schliff mit Körnung K 320. Anschließend erfolgt ein zweiter Schliff mit Körnung K 400. Aufgrund des Schwarzen Untergrundes lässt sich das Schleifbild einfach kontrollieren und bei Bedarf nacharbeiten. Die geschliffene Fläche wird im Anschluss gründlich gereinigt und wie auf Abb. 5.103 mit dem feinen Silber überlackiert. Ich nutze hierfür einen Lack aus der Fahrzeugindustrie namens Pehapol Galvano des Herstellers Peter Lacke. Dieser Lack ist sehr dünnflüssig, extrem feinpigmentiert und trocknet sehr schnell. Zusätzlich wird dieser in mehreren Nebelgängen aufgebracht, was die Schichtstärke geringer hält. Dadurch besteht keine Gefahr die Schleifkratzer zu zuschwämmen. Die feinen Metallic-Teilchen legen sich auf die Oberfläche und in die Schleifriefen. Dadurch wird eine andere Lichtbrechung erziehlt und die Kratzer bleiben sichtbar. Je gröber das Schleifmittel und je feiner das Silber, je intensiver heben sich die Kratzer hervor. Doch sollte bedacht werden, je gröber und tiefer die Schleifriefen, je mehr Klarlack wird im Nachgang benötigt um die Fläche wieder eben zu bekommen. Ich nutze zum Finish einen matten Klarlack, da mir diese Technik in matter Erscheinung deutlich besser gefällt. Dieses ist aber wie immer Geschmackssache.

Abb. 5.101 Oberfläche mit dunklem Untergrundfarbton

Abb. 5.102 Gleichmäßig geschliffene Oberfläche in einer Schleifrichtung

Abb. 5.103 Silber wird lackiert

5.3.3 Holzimitation, dreidimensional

Holz lässt sich aufgrund seiner unterschiedlichen Strukturen und Erscheinungen verhältnismäßig einfach imitieren, da es kaum ein exaktes Vorbild gibt welches es nachzuahmen gilt. Es wird lediglich ein Farbenspiel mit Erdtönen und eine unruhige Oberfläche benötigt um eine Holzimitation erfolgreich umzusetzen wie in Abb. 5.104 beispielhaft gezeigt wird. Um die Dreidimensionale Oberfläche zu gestalten geht man ähnlich vor wie bei einem Spachtelrelief aus Abschn. 5.2.13. Allerdings wird hier keine möglichst glatte Oberfläche benötigt und auch nicht gewünscht. Diese Technik habe ich im Laufe der Jahre selbst entwickelt um schnell, prozesssicher und einfach Holzflächen imitieren zu können. Ich habe die beste Erfahrung gemacht, wenn hierbei für den Spachtelauftrag die Hände genutzt werden. Durch das spachteln mit den Händen wie Abb. 5.105 und 5.106 zeigt, entsteht bereits eine unruhige Oberfläche. Hierbei muss nur auf die Richtung geachtet werden. Diese entspricht dem dargestellten Faserverlauf der Holzfläche. Sollen einzelne Bretter oder Stoßkanten modelliert werden, können hierfür einfach mit einem Spachtel die Flächen durch eine Linie getrennt werden. Ist die Spachtelmasse aufgetragen, lässt man diese leicht anziehen. Sobald diese mit der Aushärtung beginnt, muss nun möglichst zügig weiter gearbeitet werden. Solange die Spachtelmasse noch etwas weich ist, muss entgegen der bisherigen Auftragsrichtung mit den Händen vorsichtig in Faserverlauf über die Fläche gestrichen werden wie auf Abb. 5.107 zu sehen ist. Dadurch entstehen Abrisskanten, die der Charakteristik von Holz schon sehr nahe kommen wie Abb. 5.108 zeigt. In diesem

Abb. 5.104 Holzimitation, Rustikal mit dreidimensionaler Oberfläche

Arbeitsschritt wird nun die holztypische Erscheinung grob modelliert. Im Anschluss kann wie in Abb. 5.109 zu sehen in Verlaufsrichtung auch noch eine Drahtbürste für feinste

Faserrisse eingesetzt werden. Da hierfür nur ein sehr begrenztes Zeitfenster besteht, ist es sinnvoll bei der Modellierung in Teilbereichen vorzugehen. Bei Bedarf kann nach der Trocknung die Fläche mit Schleifpad oder Schleifpapier abgezogen werden um eine zu raue Oberfläche etwas zu glätten. Anschließend wird die gespachtelte Fläche dünn mit Epoxidharz Grundierung beschichtet und versiegelt was Abb. 5.110 zeigt. Ein zu dicker Auftrag schwemmt die feinen Risse wieder zu und schadet damit der optischen Erscheinung. Bei Bedarf kann auch im Anschluss nochmals mit der Drahtbürste nachgearbeitet werden.

Nach dem Aushärten können noch kleine Details eingearbeitet oder auch Fehlstellen ausgebessert werden. Dann wird die Fläche mit Schleifpapier der Körnung 120–220 in Faserrichtung leicht abgezogen um scharfe Kanten zu entfernen und zusätzlich durch die Schleifspuren dünne Fasern zu imitieren.

Abb. 5.105 Spachtelmasse wird aufgetragen

Abb. 5.106 Spachtelmasse auf der Fläche verteilen

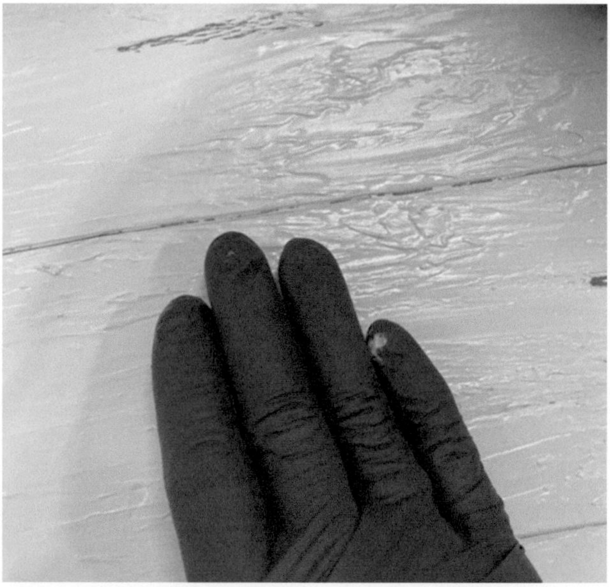

Abb. 5.107 Fläche mit den Händen streichen

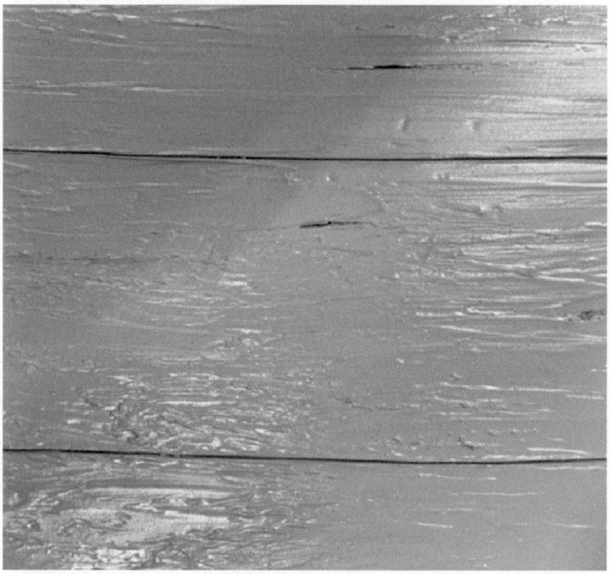

Abb. 5.108 Modellierte Fläche

Abb. 5.109 Mit Drahtbürste feine Fasern anlegen

Für die farbliche Gestaltung nutze ich vier verschiedene Farbtone. Beginnend mit Hellelfenbein, über Ocker, gefolgt von Rehbraun bis hin zu Tiefschwarz. Als Hilfsmittel dienen hierbei Pinsel, Schwamm, Schleifvlies und meine Hände. Hier wird nun von hell nach dunkel gearbeitet. Mit den Fingern oder Pinsel kann die Farbe in Vertiefungen eingebracht werden. Mit dem Schwamm oder Schleifvlies kann Farbe wieder abgetragen werden und verbleibt nur in den Vertiefungen. Es dauert zwar etwas, bis das Farbenspiel möglichst realitätsnah erscheint, aber der Aufwand lohnt sich. Je nach Farbgebung lassen sich so unterschiedlichste Hölzer, vor allem aber stark verwitterte, morsche und alte Holzflächen imitieren. Die Fläche wird zu Anfang komplett mit einem Hellelfenbein eingefärbt wie Abb. 5.111 zeigt, um die Grundbasis zu legen. Wird eine entsprechende Grundierung verwendet, entfällt dieser Schritt (Abb. 5.112).

Anschließend wird der nächst dunklere Farbton aufgetragen. Ich nutze hierfür ein Ocker. Die Farbe trage ich mit einem Schwamm auf und achte hierbei bereits auf die Faserverläufe. Also nicht kreuz und quer, sondern nur in eine Richtung mit dem Schwamm fahren. Hierbei lieber etwas weniger Farbe nehmen um den Farbauftrag möglichst gering zu halten. Wird der Schwamm leicht angefeuchtet, lässt sich die Farbe einfacher abwischen. Wichtig ist hierbei noch, nur zu wischen und nicht zu tupfen. Dadurch wird der Farbauftrag auf den Flächen gering gehalten wie Abb. 5.113 zeigt. An allen Kanten und Vertiefungen sammelt sich diese aber und wirkt kräftiger. Je nach Wunsch können hier

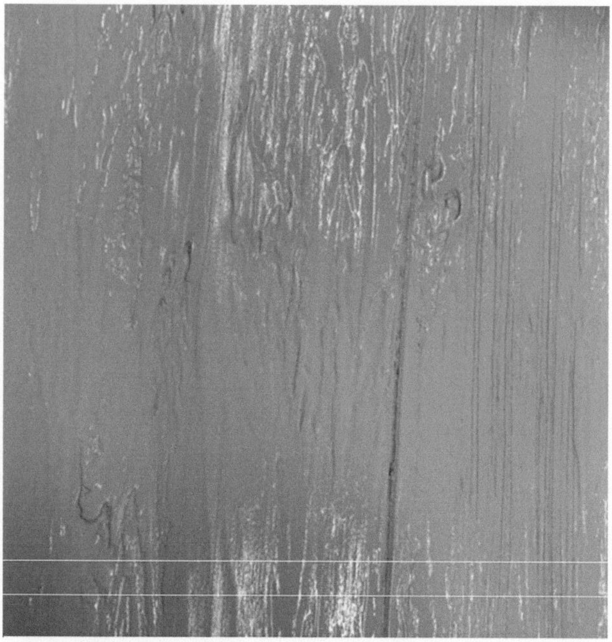

Abb. 5.110 Grundierte Fläche

Abb. 5.111 Fläche in hellelfenbein

Abb. 5.112 Ein Ockerfarbton wir aufgetragen

Abb. 5.113 Fläche mit Schwamm streichen

Abb. 5.114 Braun wird aufgetragen

aber statt Ocker auch ein helles braun oder grau zur Anwendung kommen. Die Farbwahl ist abhängig vom gewünschten Erscheinungsbild und kann individuell angepasst werden. Sind alle Bereiche mit dem Ocker überarbeitet, lässt man dieses trocknen bevor weiter gearbeitet wird. Anschließend folgt der Farbauftrag eines Brauntons wie auf Abb. 5.114 zu sehen ist. Ich nutze hierfür ein Rehbraun, da dieses meines Erachtens nach die schönste Färbung gibt. Dieses wird nach demselben Prinzip aufgetragen, allerdings noch sparsamer und auch nicht vollflächig wie Abb. 5.115 zeigt. Hierbei lässt sich jetzt bereits die Maserung erkennen und nach Belieben anlegen. Ist der Braunton fertig aufgebracht, geht es wie auf Abb. 5.116 mit schwarz weiter.

Hier wirklich nur wenig Farbe nehmen und den Schwamm leicht feucht halten um die Farbe besser verwischen zu können. Ebenfalls werden hierbei nur noch Teilbereiche gestaltet und die Fläche, wenn überhaupt, nur sehr stark verdünnt überwischt. Abb. 5.117 zeigt die mit Schwarz bearbeitete Fläche. Das Schwarz kann bei Bedarf auch in Vertiefungen eingerieben und anschließend mit dem feuchten Schwann wieder abgewischt werden. Dadurch bleibt die Farbe in Löchern, Kratzern und Rissen, verschwindet aber wieder auf den glatten Bereichen.

Ebenfalls bleibt Farbe durch das Wischen an den Kanten hängen, was diese noch besser hervorhebt wie Abb. 5.118 beispielhaft zeigt. Abschließend können tiefe Kratzer oder auch Astlöcher noch mit einem feinen Pinsel ausgearbeitet werden. Ebenfalls kann die Oberfläche mit einem feinen Schleifvlies bearbeitet werden um noch deutlichere Abnutzungsspuren zu erzeugen. Der Kreativität sind hierbei keine Grenzen gesetzt. Setzt man

Abb. 5.115 Braun wird nur teilweise aufgebracht

Abb. 5.116 Schwarz wir aufgebracht

Abb. 5.117 Fläche mit Schwarz bearbeitet

Abb. 5.118 Kanten und Vertiefungen mit schwarz überarbeiten

ein Schleifvlies zusammen mit einem Schwamm bei jedem Arbeitsschritt ein, entstehen durch das verkleben der Farbe auf dem Vlies zusätzliche Farbabrisskanten. Hier kann bei der Farbgestaltung nach Lust und Laune experimentiert werden. Zum Schutz wird hier ein matter Klarlack empfohlen, da die Fläche mit einem hochglänzenden Klarlack einfach nicht wirkt. Besonders Effektvoll ist es, hier auch einen Soft-Klarlack zu nutzen. Dieser gibt ein seidig mattes Finish und verleiht eine Samtig weiche und warme Oberfläche was an die natürlichen Haptik von Holz erinnert.

► Bei der Farbgestaltung ist etwas Geduld gefragt um den gewünschten Effekt zu erreichen. Hier kann die Fläche aber immer wieder im gewünschten Farbton bearbeitet werden bis das Ergebnis den Vorstellungen entspricht

Diese Technik lässt sich vielseitig einsetzen und verleiht Gegenständen eine ganz neue Erscheinung. Einige Beispiele hierfür zeigen die nachfolgenden Beispiele. So zeigt Abb. 5.119 eine mit dieser Technik gestaltete Wichteltür. Auf Abb. 5.120 wurde einem Kinder Rutschfahrzeug eine komplett neue Optik verliehen. Abb. 5.121 zeigt eine Buroausstattung, welche in Holzoptik umgestaltet wurde. Auf Abb. 5.122 ist eine Guillotine

Abb. 5.119 Wichteltür in Holzoptik

Abb. 5.120 Rutschauto mit Holzimitation

Abb. 5.121 Büroausstattung mit Holzimitation

Abb. 5.122 Balken aus Kunststoff in Holzoptik

zusehen welche ich für meine Meisterprüfung konstruiert und gebaut habe. Hierbei wurden die Balken aus Kunststoffprofilen gefertigt und anschließend mit einer Holzimitation versehen.

5.3.4 Comic-Style

Ist zwar absolute Geschmackssache, aber eine interessante, farbenfrohe und auffällige Art, Oberflächen neu zu gestalten wie Abb. 5.123 zeigt. Beim Comic-Style gibt es fast keine Regeln. Je wilder, je abstrakter, je besser. Hier können Graffiti Elemente eingebracht werden, Smileys oder Muster hinzugefügt oder auch extreme Farbkontraste stilvoll eingesetzt werden. Es gibt hier nur ein paar wenige Punkte, die es zu beachten gibt. Ziel dieses Lackierstils ist es, aus einem dreidimensionalen Objekt optisch eine zweidimensionale Fläche zu machen. Diese soll wirken, wie in einem Comic Heft gezeichnet. Dafür ist es wichtig, das jede Kante, Rundung oder auch Sicke, in denen sich das Licht bricht, bearbeitet und gezielt betont wird. Comic Zeichnungen haben klare Konturen, sind meist übertrieben gezeichnet und haben fast keine fließenden Farbübergänge. Jede Kontur wird gezielt und übertrieben hervorgehoben um die maximale Wirkung zu erreichen. Hier ist es wichtig, nicht zu perfekt zu arbeiten. Die Farben und Linien sollen eher an eine Skizze wie an eine technische Zeichnung erinnern. Je unperfekter, je besser. Es kann zwar auch die Lackierpistole genutzt werden, aber auch der Einsatz von Spraydosen ist hier sehr

Abb. 5.123 Comic-Style auf Musterplatte

beliebt. Bei der Farbgebung ist der Kreativität keine Grenze gesetzt. Allerdings sollte darauf geachtet werden, wie man die einzelnen Bereiche gestaltet um trotzdem noch eine harmonische Farbwirkung zu erzielen. Die einfachste Möglichkeit ist es, das gewünschte Objekt im Vorfeld mit Bundstiften auf ein Blatt zu malen. Um hier Licht und Schatten darstellen zu können, werden helle und dunklere Flächen angelegt. Dieses Farbschema kann im Nachgang dann für das reale Objekt genutzt werden. Grobe Bereiche können mit Spraydose oder Lackierpistole angelegt werden wie auf Abb. 5.124 zu sehen ist. Um die Konturen zu betonen werden Acrylmarker eingesetzt. Diese gibt es in unterschiedlichen Farben und Größen zu kaufen. Da deren Inhalt fast identisch mit dem Basislack ist, können diese problemlos unter Klarlack genutzt werden. Bei der Linienführung gibt es keine klaren Vorgaben, allerdings ist manchmal weniger mehr. Das heißt, es muss nicht jede Kontur von Anfang bis Ende liniert werden. Kleine Unterbrechungen oder Linienabrisse unterstreichen den Skizzencharakter. Abb. 5.125 zeigt hier ein Beispiel wie die Konturen und Umrandungen in Schwarz eingezeichnet werden können. Um diese zu erreichen wird

Abb. 5.124 Grobarbeiten mit Spraydose

Abb. 5.125 Gestaltung weiter ausarbeiten

Abb. 5.126 Weiße Highlights werden gezogen

der Stift einfach mit etwas Schwung über die Fläche gezogen und dabei leicht angehoben, bis er den Kontakt zur Oberfläche verliert. Gearbeitet wird mit hellen und dunklen Stiften. Hierbei auf die Lichtbrechung am Objekt zu achten. Welche Seite einer Kante ist dunkel, welche hell. Mit den Stiften lassen sich ebenfalls Ecken hervorheben, Flächen auflockern oder Designelemente einbringen, je nach Lust und Laune. Ich beginne hier mit schwarz alle Konturen zu bearbeiten und Schattenbereichen an den Kanten anzulegen. Danach folgen die Licht Highlights mit Weiß wie auf Abb. 5.126 gezeigt wird. Um ein dreidimensionales Objekt zu gestalten sollte im Vorfeld geklärt werden, welche Kante wie betont oder hervorgehoben werden soll um Fehlstellen zu vermeiden. Um sicher zu gehen kann die Oberfläche nach der Grundlackierung auch mit Klarlack geschützt werden. Nach dem Zwischenschliff kommen dann die Acrylmarker zum Einsatz. Passieren jetzt Fehler, können die Striche einfach entfernt und neu gezogen werden. Auch hier können mit der Airbrush noch diverse Details eingebracht werden, oder auch Flächen durch dunkel oder hell anhauchen interessanter gestaltet und etwas aufgelockert werden. Wenn alles fertig gestaltet wurde, kann die Klarlackierung erfolgen. Ich persönlich nutze hierfür Mattklarlack, da meiner Meinung nach der Effekt mit mattem Finish am Besten zur Geltung kommt, aber auch das ist wie fast immer Geschmackssache. Auch glänzend hat dieser Stil eine spannende Wirkung wie Abb. 5.127 im Vergleich zu Abb. 5.128 am Beispiel zweier Fahrzeuge in hochglanz und matt zeigt.

Abb. 5.127 Fahrzeug im Comic-Style hochglänzend

Abb. 5.128 Fahrzeug im Comic-Style matt

Um diesen Style prozesssicher anwenden zu können ist etwas Übung notwendig. Zusätzlich benötigt man ein Gefühl für Farben und Formen sowie eine gute Vorstellungskraft. Ebenfalls sollte ein gutes Gefühl für Licht und Schatten, etwas übung mit der Spraydose und den Umgang mit den Acrylmarkern vorhanden sein. Daher macht es zu Anfang Sinn, hier ein paar Testobjekte zu gestalten. Ich selbst habe mit einem ausgedienten Kotflügel begonnen den Abb. 5.129 zeigt. Hier ist die Fläche noch überschaubar, trotzdem sind aber genug Kanten, Sicken und Rundungen vorhanden um ein Gefühl für diese Stilrichtung zu bekommen. Hat man den dreh mit der Kantenbetonung raus, kann man sich an weitere Gestaltungselemente wagen oder auch mit knallig bunten Farben arbeiten. Diese Technik ist, wenn ein gefühl dafür entwickelt wurde, schnell, einfach und

Abb. 5.129 Testobjekt Kotflügel

Kostengünstig umsetzbar. Hier sind weder teure Pigmente, Effektlacke oder Ausrüstung notwendig, sondern lediglich ein paar Spraydosen und Acrylstifte. Als Untergrund kann entweder der bereits vorhandene Altlack dienen, oder es wird eine neue Untergrundfarbe gewählt und diese im Vorfeld auflackiert. Diese Technik funktioniert auch problemlos bei größeren Objekten wie Abb. 5.130 am Beispiel eines Sprinters zeigt. Ebenso können Logos oder Schriften in diesem Stil gestaltet werden um sich harmonisch ins Gesamtbild einzufügen. Abb. 5.131 zeigt beispielhaft den Schriftzug des Sprinters.

Abb. 5.130 Sprinter im Comic-Style

Abb. 5.131 Schriftzug im Comic-Style

Auch auf dunkeln Untergründen lässt sich dieser Stil gut umsetzen. Hier muss nur der schwarze Acrylstift gegen einen farbigen ausgtauscht werden. Die restliche Vorgehensweise ist genau die selbe. Auch auf schwarz erhält man mit Farbigen Acrylstiften eine faszinierende Wirkung. Hier gilt aber auch, einfach ausprobieren! (Abb. 5.132)

Abb. 5.132 Comic-Style auf dunklem Untergrund

5.3.5 Airbrushtechnik

Wie bereits zu Anfang erwähnt, möchte ich auf diese Technik nicht bis ins Detail eingehen, da diese doch eher im künstlerischen Bereich angesiedelt ist, sehr viel Übung und Erfahrung braucht und nicht mehr direkt zum klassischen Lackierhandwerk gehört. Ein Beispiel zeigt Abb. 5.133. Diese Technik kann eher der Kunstmalerei zugeordnet werden. Daher bedeutet der Name Airbrush übersetzt auch soviel wie Luftpinsel. Ebenfalls ist dieser Themenbereich so komplex, dass alleine mit dieser Technik bereits mehrere Bücher gefüllt wurden. Dennoch möchte ich diese, der Vollständigkeit halber erwähnen und ein paar grundzüge vermitteln. Oft ist diese Technik auch bei Designlackierungen vertreten und tritt gemischt mit kreativen Lacktechniken und Effektlacken in Erscheinung. Der größte Unterschied zwischen Airbrush und dem Lackierhandwerk liegt im Auftrag der Farbe. Wärend der Lackierer den Farbauftrag nass vornimmt um Wolkenbildung zu vermeiden, trägt der Airbrushkünstler die Farbe sehr trocken auf. Hier führen ein nasser Farbauftrag zu Störungen und Fehlstellen. Durch die kleinen Düsengrößen lässt sich Farbnebel hauchdünn und sehr fein auftragen, was zu vielseitigen Möglichkeiten führt. Mithilfe einer Airbrushpistole und ein klein wenig Übung, lassen sich damit problemlos Schattierungen legen und dreidimensionale Flächen erschaffen. Auch kleine Fehlstellen, unterlaufene Kanten oder Ähnliches lassen sich durch den geringen und punktuellen Farbauftrag leichter retouchieren, was eine enorme Zeitersparnis ermöglicht und

Abb. 5.133 Airbrushtechnik auf einer Motorhaube

den Reparaturbereich klein hält. Beherrscht man den Umgang mit der Airbrushpistole, sind der kreativen Gestaltung keine Grenzen mehr gesetzt. Erfahrene Künstler zaubern hiermit Fotorealistische Motive auf verschiedenste Untergründe und verwandeln fast jedes denkbare Objekt in ein Kunstwerk.

Beispiel Briefkasten: Der Briefkasten wurde im Grundfarbton Rapsgelb lackiert wie Abb. 5.134 zeigt. Mit einer ovalen Schablone wurden die inneren Randbereiche der Löcher leicht dunkelbraun an genebelt. Anschließend wurden mit weiß Glanzstellen gesetzt. Final wurden die Randbereiche außerhalb der Löcher noch leicht bearbeitet. Hierfür muss man kein begnadeter Airbrush-Künstler sein, es ist lediglich das feine Dosieren des Farbauftrages notwendig um das gewünschte Ergebnis zu erzielen wie auf Abb. 5.135 zu sehen ist. Auch ohne künstlerische begabung lässt sich die Airbrushpistole optimal nutzen. Sie kann überall dort eingesetzt werden, wo möglichst wenig Overspray und nur ein geringer Farbauftrag notwendig sind. Beispielsweise ist die Airbrushpistole wie in Abb. 5.136 zu sehen beim lackieren von dünnen linien, auslackieren von filigranen Schablonenfolien oder auch für Schattierungen ein echter Zugewinn. Mit ein kleinwenig Übung lassen sich hier schon gute resultate erzielen. Die Funktionsweise ist hierbei relativ simpel. Der Lufthebel wird nach unten gedrückt und es kommt Luft. Wird dieser nun zusätzlich nach hinten gezogen, wird Farbe gesprüht. Je weiter nach hinten gezogen wird, je mehr Farbe kommt aus der Düse. Es gibt auch Modelle auf dem Markt, die einer normalen Lackierpistole in der Handhabung deutlich Ähnlicher sind. Solche Modelle machen dem Lackierer den Einstieg in die Welt der Airbrushmalerei deutlich

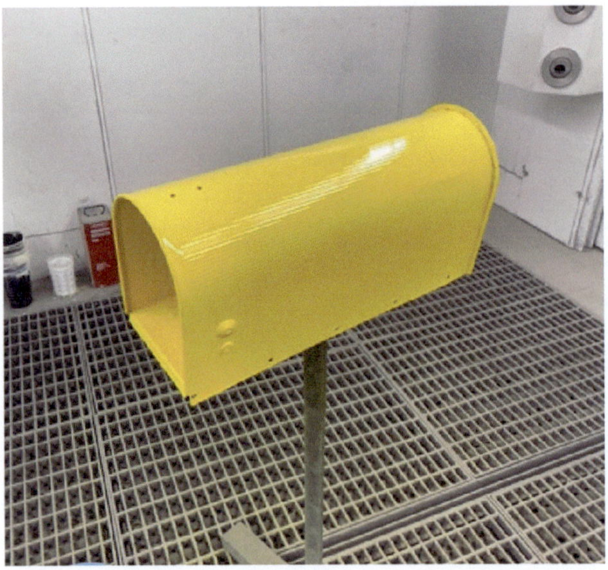

Abb. 5.134 Briefkasten in Rapsgelb

Abb. 5.135 Briefksten in Käse-Optik

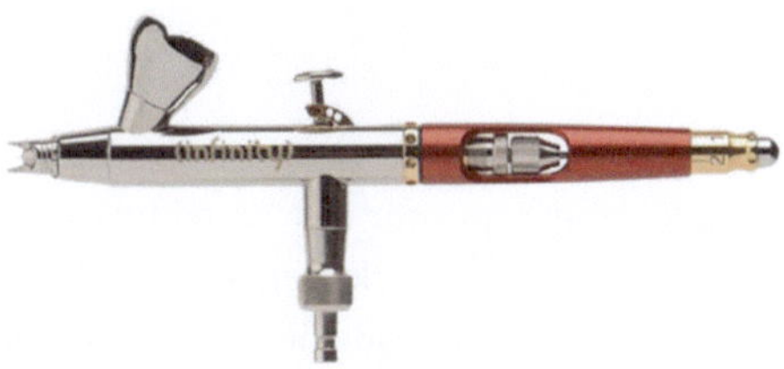

Abb. 5.136 Airbrushpistole

leichter und sind daher zu Anfang absolut empfehlenswert. Zwar sin diese Modelle meist nicht für feinste Detailarbeiten ausgelegt, bieten aber zu Anfang eine einfache Bedienung und daher schnelle Erfolgserlebnisse. Zusätzlich sind diese für die Lackierung von Maskierten Linien, Grafiken oder Schriften ebenso geeignet wie für Schattierungen oder einfache Freihandarbeiten. Am Besten einfach mal versuchen. Es ist nicht so schwer wie man denkt, brachbare Ergebnisse zu erzielen und individuelle Designs zu erschaffen.

Vom Kreis zur Kugel

Nachfolgend ein paar kleine Beispiele zum nachmachen um sich mit der Handhabung einer solchen Airbrushpistole vertraut zu machen. Zu Anfang wird ein Blatt Papier zur Hand genommen und dort einfach einmal ausprobiert um ein Gefühl für die Farbdosierung zu bekommen. Dann können Linien, Rundungen, Zahlen oder Ähnliches zur Übung gemalt werden. Eine gute Übung ist es auch, aus einem Kreis wie in Abb. 5.137 eine Kugel wie auf Abb. 5.138 entstehen zu lassen. Hierfür ist viel Gefühl bei der

Abb. 5.137 Kreis

Abb. 5.138 Kugel

Farbdosierung und für das Verhältnis zwischen Licht und Schatten notwendig.

Einen Kreis zu lackieren ist grundsätzlich kein Problem. Schablonenfolie aufkleben, deckend lackieren und die Maskierung wieder entfernen. Aber wie sieht es mit einer Kugel aus? Ein Körper, der zweidimensional lackiert wird und doch dreidimensional wirken soll. Hier kommt es nun auf das Zusammenspiel zwischen Licht und Schatten an um die richtige Wirkung zu erzielen. Abb. 5.139 erläutert die Vorgehensweise hierfür in vier Schritten. Nachdem die Schablonenfolie aufgeklebt und die Randbereiche großzügig abgedeckt wurden erfolgt der erste Farbauftrag. Die Farbe wird hierbei dünn um den Randbereich herum gesprüht. Nun wird der Bereich, der im Schatten liegen soll weiter bearbeitet und dunkler gesprüht. Die Gegenseite auf die das Licht trifft bleibt unberührt. Ist dieses vollbracht, kann die Maskierung entfernt und das Ergebnis betrachtet werden. Im Anschluss kann die Kugel noch abgeklebt und ein leichter Schatten darunter gelegt werden um die dreidimensionale Gestaltung abzuschließen. Diese Übung sieht etwas einfacher aus als sie in Wirklichkeit ist. Sollten die ersten Versuche nicht direkt gelingen, nicht gleich aufgeben. Mit dem richtigen Gefühl für die Farbmenge kommt auch das Erfolgserlebnis. Ist es geschafft und die Kugel lackiert, kann man mit der bis hier gelernten Technik bereits einfachere gestaltungsarbeiten durchführen. Um beispielsweise den Käsebriefkasten zu erschaffen benötigt es nicht mehr Wissen oder Können im Umgang mit der Airbrushpistole.

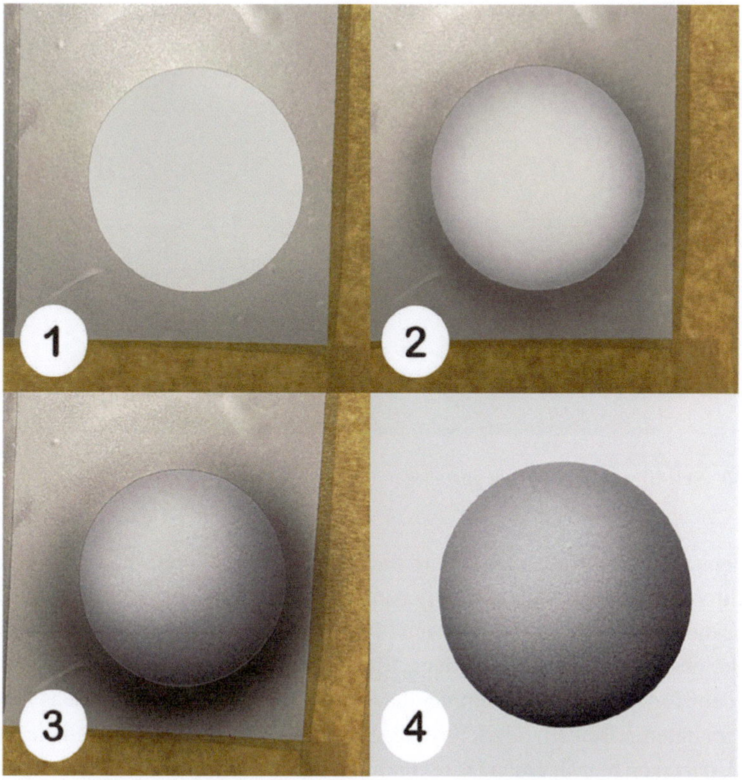

Abb. 5.139 vom Kreis zur Kugel

▶ Als kleinen Merksatz mit auf den Weg:

Manchmal ist weniger mehr. Dunkler geht immer, heller nur mit Weiß!

Chromschrift

Als nächstes Beispiel wird eine Schrift angelehnt an eine einfach Variante der Chromdarstellung gestaltet wie Abb. 5.140 zeigt. Diese verleiht eine ansprechende und interessante optische Wirkung und ist denkbar einfach in der Umsetzung. Um dieses Design umsetzen zu können, wird eine Schablone des Schriftzugs oder der Zahlen benötigt. Am Besten wirkt diese Technik auf einem dunklen Untergrund, daher habe ich Schwarz für meine Hintergrund gewählt. Aber auch auf hellen Untergründen kommt diese Technik zur Wirkung. Bei Bedarf können die Randbereiche hierfür etwas dunkler gestaltet werden, damit sich die Schrift später besser vom Untergrund abzeichnet. Auf die Sterne sollte in diesem Fall dann verzichtet werden, da Weiß auf einem hellen Untergrund nicht mehr erkennbar ist. Ist der Untergrund vorbereitet und die Schablonenfolie aufgeklebt, kann es auch schon los gehen. Abb. 5.141 zeigt

Abb. 5.140 Schriftart mit Airbrush gestaltet

die einzelnen Arbeitsschritte. Zuerst wird die Schrift komplett weiß auslackiert. Hierbei lieber in mehreren dünnen Schichten arbeiten um ein Unterlaufen zu verhindern. Ist alles Weiß und getrocknet, wird der obere Bereich mit blauer Farbe leicht angehaucht. Hierbei sollte das Blau an der oberen kante etwas kräftiger, Richtung Mitte auslaufend lackiert werden. Dieses stellt den Horizont und den Himmel dar, der ins Weiß auslaufen soll. Das selbe Prinzip wird nun im unteren Bereich der Schrift angewandt. Da im unteren Bereich die Erde dargestellt wird, nutze ich hierfür einen Ocker Farbton, der ebenfalls zur Mitte wieder ausläuft. Im Anschluss nehme ich ein Blatt Papier und zerreiße es in der Mitte. Diese Risskante wird nun als Schablone über den Himmel gelegt und zwar genau dort, wo das Ocker endet. Nun wird die Kante leicht mit Schwarz übernebelt. Dieses trennt nun die Erde vom Horizont und erinnert an Berge. Anschließend kann die Maskierung entfernt und der fertige Schriftzug betrachtet werden. Natürlich kann die Schrift auch weiter ausgearbeitet werden, indem mit Weiß noch kleine Lichtreflektionen eingebracht werden. Der Kreativität sind hier keinerlei Grenzen gesetzt.

Abschließend kommen wir noch zum Sternenhimmel und den Glanzsternen an der Schrift. Um einen Sternenhimmel zu gestalten, wird nun die Sprenkeltechnik aus Abschn. 5.2.10 genutzt. Um den Luftdruck zu regulieren kann einfach der Schlauch von Hand abgeklemmt werden bis die gewünschten Sprenkler erreicht sind. Diese werden nun auf die Fläche aufgebracht. Mit der Airbrushpistole lässt sich dieses sehr einfach kontrollieren, da der Sprenkelradius überschaubar bleibt. Etwas weniger Luft, die Tropfen werden dicker, etwas mehr Luft und es entstehen feinere Pünktchen. Abb. 5.142 verdeutlicht dieses Vorgehen nochmals. Für die Glanzsterne wird eine Schablone aus Papier oder Folie geschnitten. Ich halte diese relativ einfach und wähle einen Stern mit vier Spitzen. Diese sollten nicht zu dick, sondern eher schlank ausgeschnitten werden. Im Anschluss nehme ich die Schablone und lackiere die Sterne überall dort hin, wo ich diese haben möchte. Auch hier gilt, manchmal ist weniger mehr. Um die Schablonencharakteristik der Sterne

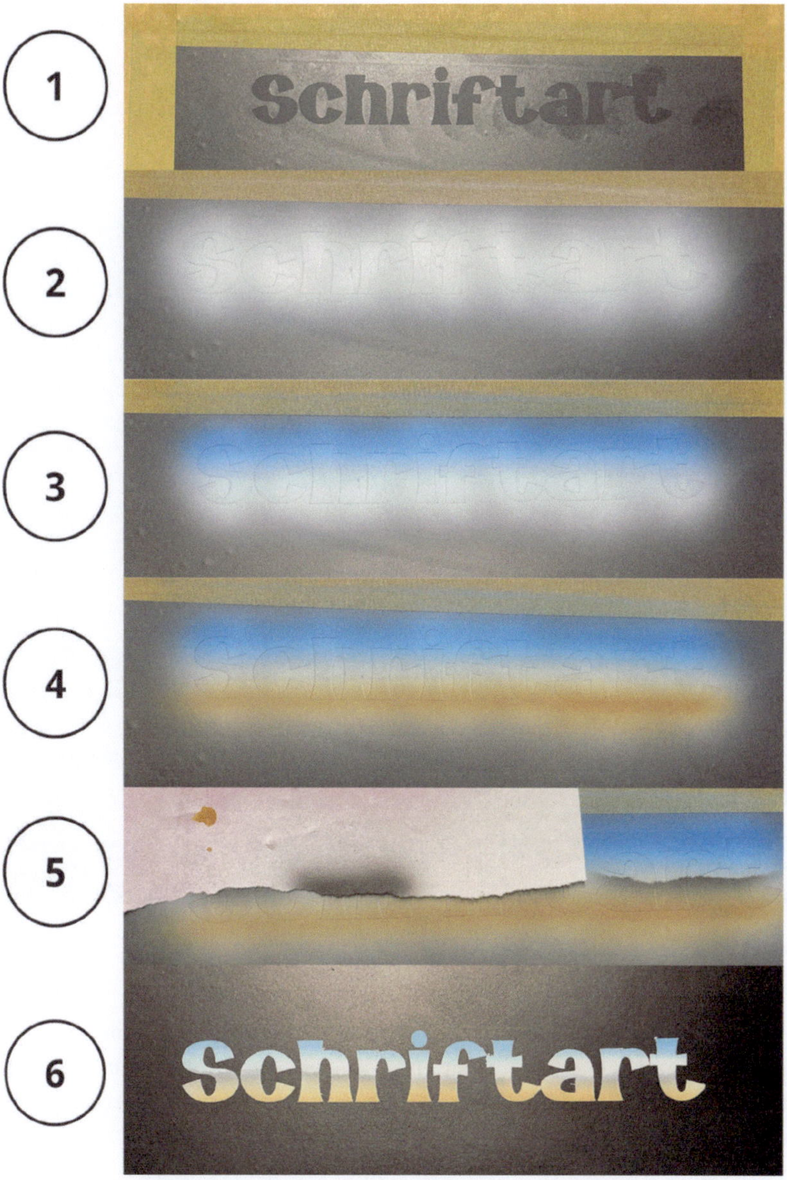

Abb. 5.141 Schrift gestalten

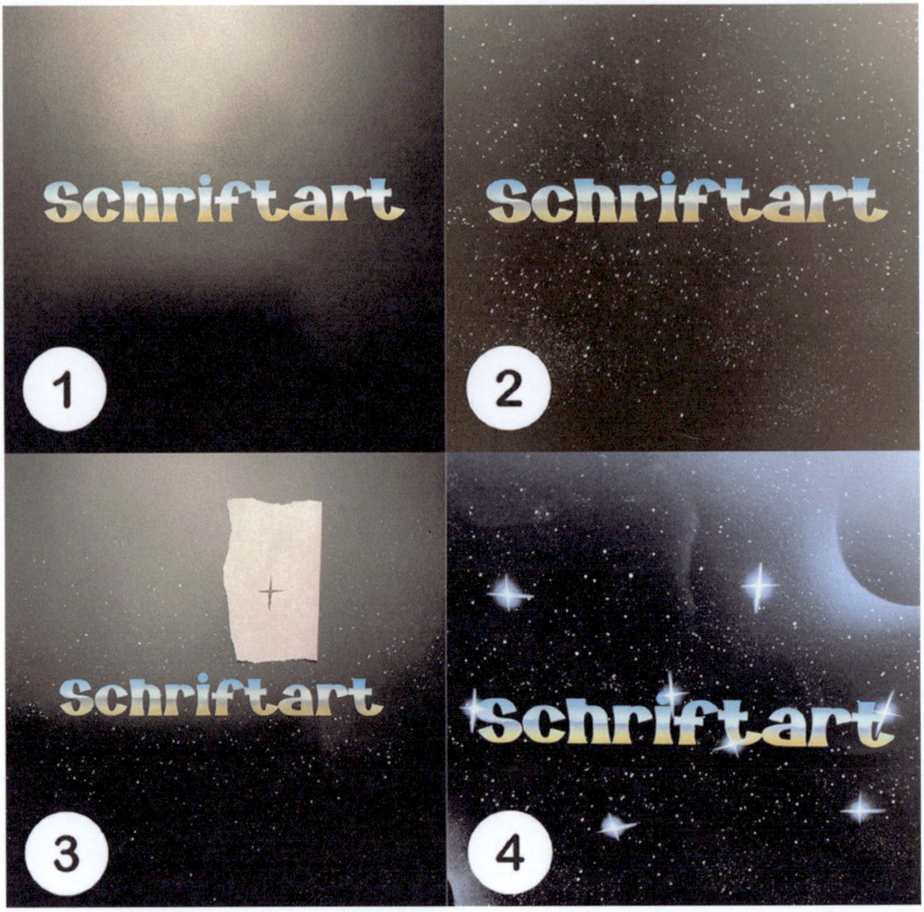

Abb. 5.142 Sternenhimmel Hintergrund

etwas zu verwischen, setze ich abschließend auf jeden Stern mittig eine Glanzpunkt mit Weiß ohne Schablone. Dieses sorgt für einen weichen Farbübergang und lässt die Sterne nicht mehr so plump aussehen. Fertig ist die Schrift mit Sternenhintergrund. Diese kann nun nach Lust und Laune weiter gestaltet werden. So kann die Kreisschablone als Planet, der hinterleuchtet wird dienen, oder es kann mit Sprühnebel eine Galaxy oder die Milchstraße angedeutet werden. Auch verschiedene Farben wie Blau oder Magenta können zum Einsatz kommen und werten die Optik um ein Vielfaches auf.

Blechplatten

Als abschließendes Beispiel möchte ich noch eine einfache Variante einer Blechplatten-Optik beschreiben wie sie auf Abb. 5.1 in Kap. 5 auf einem Opel Corsa zu sehen ist. Diese Gestaltungsvariante ist denkbar einfach in der Umsetzung und lässt viele Möglichkeiten der Weiterbearbeitung. So können diese entweder als Hintergrundgestaltung oder auch ohne weiteres Schmuckwerk genutzt werden. Es können aufgerissene Stellen, Einschusslöcher oder auch Rostansätze hinzugefügt werden. Der Kreativität hierbei sind keine Grenzen gesetzt. Um die Blechplatten auf Abb. 5.143 zu erstellen, wird lediglich ein einfaches Blatt Papier benötigt. Dieses wird mit dem Locher in gleichmäßigen Abständen ausgestanzt. Abb. 5.144 verdeutlicht die Arbeitsschritte. Sobald der Untergrund vorbereitet ist, sollte dieser entweder in Grau oder einem Silberfarbton lackiert werden. Anschließend wird die Papierschablone angelegt und die Kantenbereiche und Löcher mit Schwarz oder dunkelgrau leicht übernebelt. Hierbei nicht mit zu viel Farbe arbeiten und bei Bedarf lieber nochmal etwas nachdunkeln. Mit der Papierschablone werden nun die einzelnen Blechplatten aufgemalt. Anschließend wird die Schablone an die andere Seite angelegt und hier ebenfalls Kante und Löcher gemalt. Legt man die Schablone nicht exakt an die Kante sondern leicht darüber, entstehen helle Streifen welche der natürlichen Lichtspiegelung entsprechen. Sind alle Platten soweit fertig, werden die Flächen nur ganz grob

Abb. 5.143 Blechplatten

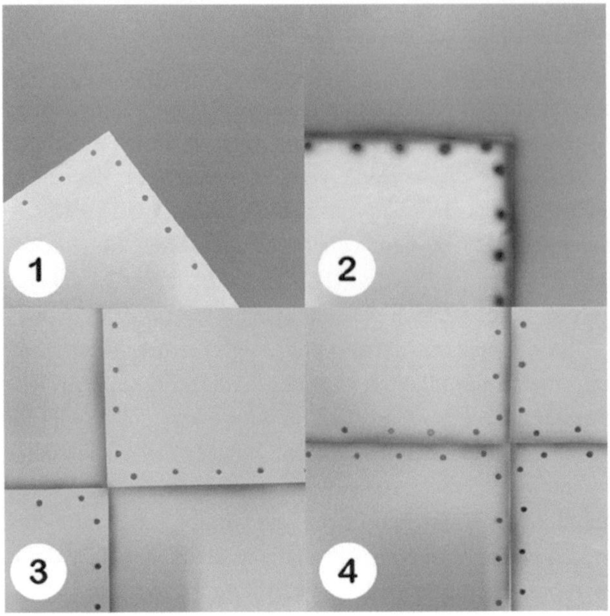

Abb. 5.144 Anleitung Blechplatten

übernebelt um eine etwas rustikale Optik zu erhalten und die Flächen interessanter zu gestalten. Nun wird mit Weiß in jeden Kreis ein Lichtpunkt gesetzt wie Abb. 5.145 zeigt. Diese Kreise ist die einfachste Variante Nieten darzustellen. Im Anschluss können auch die Flächen noch leicht mit Weiß an genebelt werden. Fertig sind die Blechplatten. Diese können nun mit Ocker und Rostbraun noch bearbeitet, mit Schriftzügen oder anderen Dekorationen veredelt oder einfach so belassen werden. Viel Spaß beim Nachmachen.

Die Airbrushtechnik ist so vielseitig einsetzbar wie keine andere kreative Lack- oder Designtechnik. Ob zum Erstellen von kompletten Kunstwerken wie auf Abb. 5.146 und Abb. 5.147 oder als Arbeitserleichterung bei Schattierungen oder filigranen Linien..

Beim Einsatz der Airbrushtechnik kann fast jedes beliebige Motiv auf den Untergrund lackiert werden. Die Möglichkeiten sind nur vom Können des Künstlers abhängig. Ich hoffe trotzdem Mut gemacht zu haben es einfach selbst zu versuchen. Vielleicht die eigenen Ziele anfänglich nicht ganz so hoch zu stecken, sondern einfach zu beginnen. Alles Andere ist Übungssache und benötigt viel Zeit und Erfahrung.

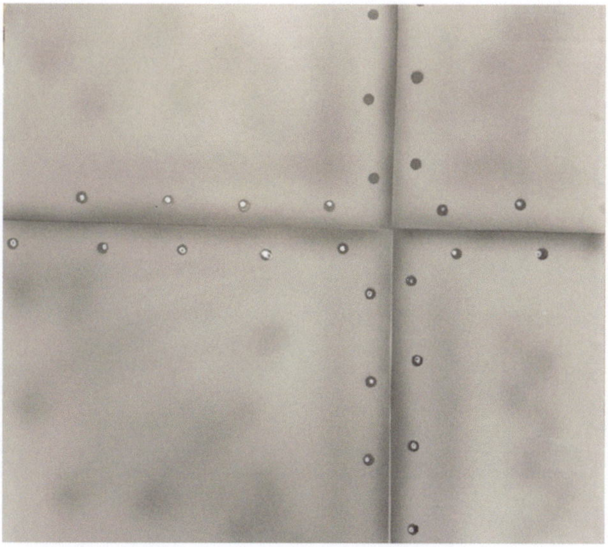

Abb. 5.145 Lichtpunkte setzen

Abb. 5.146 Frosch auf Motorhaube

Abb. 5.147 Motorhaube mit Airbrush

5.4 Fazit Designlackierungen

Designlackierungen sind die Königsdisziplin der Lackierkunst und erfordern ein Höchstmaß an handwerklichem Können und präzisem arbeiten. Meist entstehen Designlackierungen durch eine Mischung aus Effektlacken, kreativen Lacktechniken und verschiedenen Gestaltungselementen, die sich zu einem Gesamtkunstwerk harmonisch zusammenfügen. Obwohl viele Techniken recht einfach in der Umsetzung sind, müssen diese auch stimmig miteinander kombiniert werden. Daher liegt die Kunst der Designlackierung dabei, diese verschiedenen Techniken passend zu vereinen und diese dadurch noch aufzuwerten. Gerade bei der Wahl der Techniken muss jedoch bedacht werden, dass nicht jede Technik auf jeder Fläche umsetzbar ist oder zur Geltung kommt. Viele Techniken oder auch Effekte wirken auf kleineren Flächen und sind dort einfach umsetzbar. Auf Großen Flächen allerdings sind diese nur sehr schwer gleichmäßig umzusetzen oder verlieren Ihre Wirkung. Ein Beispiel hierfür ist der Reisslack. Auf kleinen Flächen unproblematisch und einfach umsetzbar. Je größer die Fläche allerdings, je schwieriger wird es ein gleichmäßiges Rissbild zu erzeugen. Ebenso die Wassertropfentechnik, die nur auf liegenden Flächen umsetzbar ist. Oft wirken solche Techniken auch nur auf kleineren Flächen oder Teilbereichen und erschlagen den Betrachter bei einer großflächigen Umsetzung. Daher ist die Wahl der Techniken angepasst an das Objekt einer der wichtigsten Schritte für eine erfolgreiche Designlackierung. Wenn eine Technik nicht für komplette Flächen taugt, kann diese trotzdem für einen Teilbereich nützlich sein. Hier ist nun Kreativität und vor allem Vorstellungskraft gefragt. Manchmal hilft es aber auch, einfach Musterplatten zu erstellen um die Wirkung der verschiedenen Techniken miteinander beurteilen zu können. Nur Mut, auch wenn mal etwas schief geht. Es funktioniert eben nicht immer alles nach Plan.

Gelegentlich muss einfach improvisiert, oder die Designidee abgeändert oder angepasst werden. Das ist normal und gehört eben dazu. Aber genau dieses Improvisationstalent macht den Unterschied zwischen Erfolg oder aufgeben.

Übertragen von Motiven auf die Oberfläche 6

Inhaltsverzeichnis

Um ein gewünschtes Motiv wie auf Abb. 6.1 auf eine Oberfläche zu bekommen, gibt es mehrere Möglichkeiten. Welche hiervon gewählt wird, ist abhängig vom gewünschten Ergebnis. Soll ein Motiv selbst gestaltet werden, werden in der Regel nur diverse Konturen benötigt. Diese zeichnet man sich einfach auf den Untergrund. Ich nutze hierfür einen handelsüblichen Bleistift und zeichne hierbei ohne Druck nur leichte Linien. Da ich leider nicht der begnadetste Zeichner bin, erstelle ich Motive gerne im Vorfeld um Radieren und verändern zu können. Teilweise nutze ich auch Grafiken aus dem Internet und zeichne diese entsprechen meiner Wünsche passend um. Um diese Motive nun beispielsweise auf eine Motorhaube zu bringen, nutze ich technische Hilfsmittel wie beispielsweise einen Beamer oder auch Overhead-Projektor. Damit kann jedes Motiv in jeder Größe auf eine Oberfläche projiziert und nachgezeichnet werden. Ist dieses geschehen kann die Gestaltung schon los gehen. Diese Möglichkeit ist sehr einfach, schnell und optimal bei Größeren Motiven umsetzbar.

Eine zweite Möglichkeit, gerade bei kleineren Motiven oder auch dem Einsatz von Schablonenfolie ist, dass Motiv in der gewünschten Größe auszudrucken oder zu zeichnen wie auf Abb. 6.2 zu sehen. Anschließend wird die Rückseite der Vorlage wie auf Abb. 6.3 mit Bleistift möglichst Flächendeckend schraffiert. Hierfür am Besten einen weichen Bleistift nutzen, da dadurch die Linien später besser erkennbar sind. Ist alles schraffiert, wird.

A. Hagemann, *Lackdesign*, https://doi.org/10.1007/978-3-658-49380-6_6

Abb. 6.1 Bleistiftskizze wird mit der Airbrushtechnik ausgearbeitet

Abb. 6.2 Vorlage

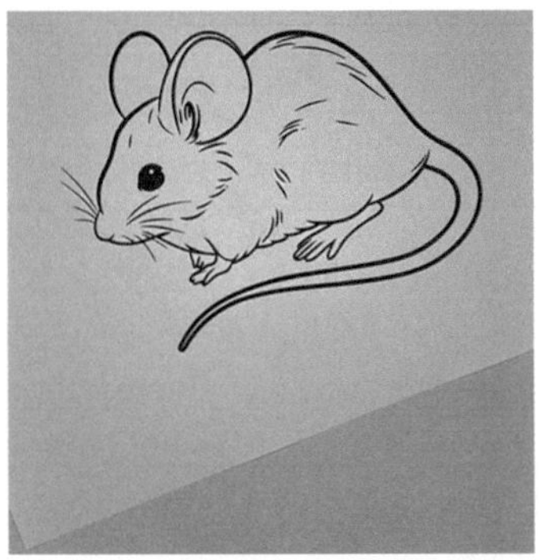

die Vorlage an die gewünschte Position gelegt, an den Kanten mit etwas Klebeband gegen ein verrutschen gesichert und anschließend nachgezeichnet. Durch die schraffierte Rückseite überträgt sich der Bleistift im nachgezeichneten Bereich auf den Untergrund. Abb. 6.4 zeigt die übertragene Vorlage auf dem Untergrund. Anschließend kann entweder direkt gestaltet, oder die passenden Bereiche der Schablonenfolie freigelegt werden. Diese Möglichkeit nutze ich sehr häufig und gerne um Schriften oder wichtige Konturen vorzuzeichnen. Diese Technik funktioniert sowohl auf hellen als auch auf dunklen

Abb. 6.3 Rückseitig schraffieren

Abb. 6.4 Vorlage übertragen

Untergründen. Es kann direkt auf die zu gestaltende Oberfläche wie dem geschliffenen Untergrund, oder auch auf Papier oder Schablonenfolie übertragen werden. Die Bleistiftzeichnungen sollten so gesetzt werden, dass diese im Nachgang überlackiert werden. Dadurch sind diese später nicht mehr zu sehen und verursachen auch keinerlei Probleme in der weiteren Beschichtung. So lassen sich Konturen, Linien oder Grafiken sehr schnell auf den Untergrund übertragen. Nachfolgend zwei Beispiele für diese Übertragungstechnik von der Zeichnung zum fertigen Motiv. Die Zeichnungen wurden zuerst als Skizze und Vorlage gezeichnet. Anschließend mit Bleistift auf der Rückseite schraffiert und auf die bereits auf der Oberfläche aufgebrachte Schablonenfolie Übertragen. Anschließend wurden die benötigten Teilbereiche mit dem Skalpell freigelegt und farblich gestaltet. War ein Teilbereich fertig, wurde dieser wieder abgedeckt und der nächste Bereich bearbeitet. Dieses Vorgehen wiederholte sich so lange, bis alle Bereiche fertiggestellt waren.

Anschließend wurde das komplette Motiv erneut mit Schablonenfolie abgedeckt und die Schattierungen zum Hintergrund gefertigt. So zeigt Abb. 6.5 die Skizze eines Herzes zum Thema „Fahrzeugliebe“, Abb. 6.6 wiederum das fertig gestaltete Motiv. Ebenso verhält es sich bei der Skizze von Abb. 6.7 und dem fertigen Motiv von Abb. 6.8.

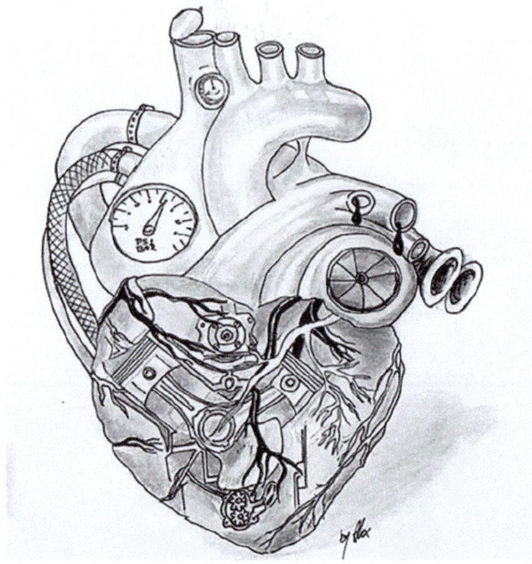

Abb. 6.5 Skizze „Herz“

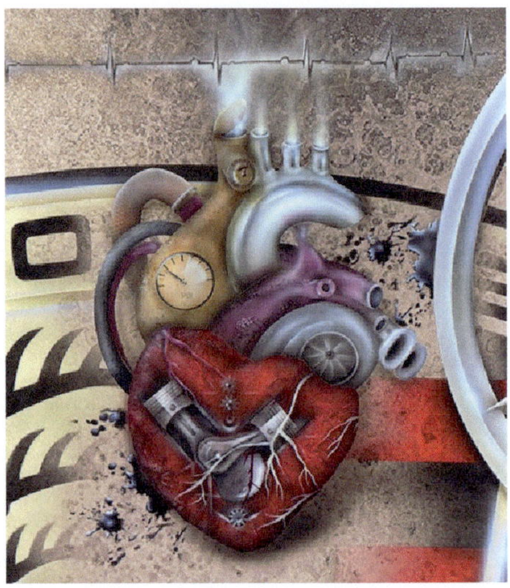

Abb. 6.6 Fertiges Motiv „Herz“

Abb. 6.7 Skizze „Lacki Luke“

Abb. 6.8 fertiges Motiv „Lacki Luke“

6.1 Möglichkeiten ein Motiv auf eine Oberfläche zu bekommen

Auch wenn wir spaß am Malen haben, ist leider nicht jeder der geborene Picasso oder Van Gogh. Hier müssen wir unser eigenes Können realistisch einschätzen und bewerten. Aber selbst als absolut unbegnadeter Zeichner oder Maler gibt es Möglichkeiten, Grafiken oder Vorlagen auf eine Oberfläche zu bekommen wie Abb. 6.9 zeigt. Hierbei muss jeder selbst die für das Projekt, dass eigene können und die eigenen Möglichkeiten entsprechende Variante wählen.

Das mit Bleistift übertragene Motiv kann nicht nur mit der Airbrushtechnik gestaltet werden. Hierfür können auch Acrylmarker, Holzmalstifte oder sogar Wasserfarben genutzt werden. Werden die einzelnen Farbbereiche detailliert übertragen, können diese anschließend einfach ausgemalt werden. Je nach genutztem Medium entstehen unterschiedliche Charakteristiken. Mit Wasserfarben lässt sich beispielsweise sehr einfach eine Aquarelloptik erschaffen. Wird hierfür aber mit viel Wasser gearbeitet, sollte darauf geachtet werden, dass die zu bearbeitende Fläche möglichst eben liegt um ein Ablaufen der Farbe zu verhindern. Zusätzlich sollte diese nicht saugend sein, da ansonsten das Wasser vom Untergrund aufgenommen wird, was später zu Haftungsproblemen führt. Ebenfalls muss das Wasser restlos verdunstet sein bevor die schützende Klarlackschicht aufgebracht werden kann. Acrylmarker sind hier ebenfalls sehr einfach in der Anwendung und geben eine Menge an Gestaltungsspielraum. Holzmalstifte, ich nutze hier bevorzugt Polychromos von Faber Castell, sind zwar für großflächige Motive doch eher ungeeignet, lassen sich aber problemlos für Konturen, zarte Linien oder kleine Details nutzen. Egal

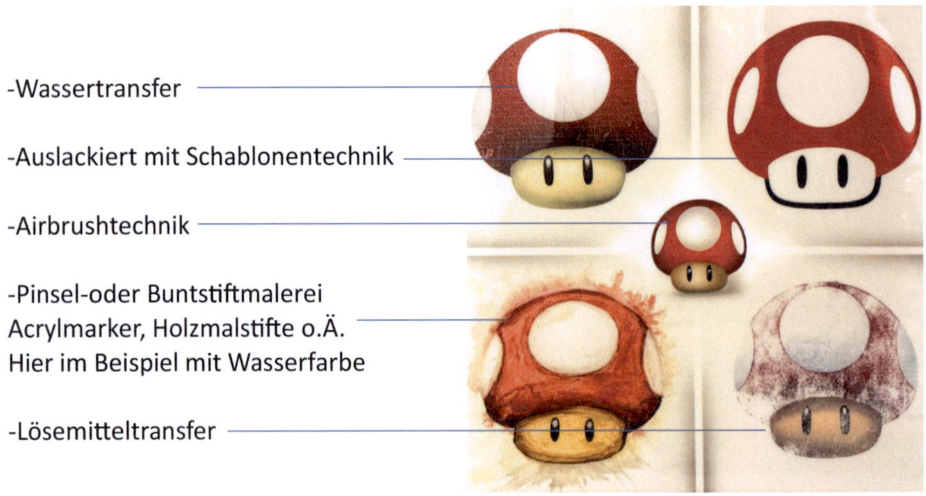

Abb. 6.9 Möglichkeiten der Motivübertragung

welche Farben genutzt werden sollen, wichtig ist nur, das diese sich mit der späteren Endbeschichtung vertragen und keine Haftungsstörungen verursachen. Daher sollte klar sein, das Wachsmalstifte oder Ölfarben hier nicht zum Einsatz kommen sollten. Im Zweifelsfall zur Sicherheit im Vorfeld Muster erstellen und die Verträglichkeit überprüfen um spätere Überraschungen zu vermeiden. Nachfolgend zwei Beispiele für Techniken mit denen sich Motive schnell und einfach übertragen lassen.

6.2 Lösemitteltransfer

Lösemitteltransfer ist eine schnelle und einfache Möglichkeit, komplexe Grafiken auf einen Untergrund zu bekommen. Als Beispiel hierfür dient Abb. 6.10 welche ein mit Lösemitteltransfer übertragenes Foto zeigt. Diese Technik erfordert zwar ein bisschen Übung, lässt sich aber ohne großen Aufwand bei nicht gelingen mehrfach wiederholen bis das gewünschte Ergebnis erzielt wird. Hierfür ist lediglich ein Laserdrucker, Reinigungstücher und normale Verdünnung oder Einstellzusatz notwendig.

Das gewünschte Motiv wird wie auf Abb. 6.11 gezeigt in der korrekten Größe möglichst Kontrastreich ausgedruckt. Sehr wichtig hierbei ist, dass das Motiv, vor allem aber Schriften vorher gespiegelt wird und ein Laserdrucker zum Einsatz kommt. Anschließend

Abb. 6.10 Lösemitteltransfer eines Fotos

wird das Motiv mit der bedruckten Seite nach unten auf die gewählte Stelle gelegt und an den Kanten durch Klebeband gegen ein verrutschen gesichert was Abb. 6.12 zeigt. Abschließend wird wie Abb. 6.13 zeigt mit einem lösemittelgetränkten Tuch von hinten vorsichtig auf den Ausdruck getupft. Wichtig ist hierbei, dass nicht gerieben wird um ein verschmieren des Motives zu verhindern. Durch die Lösemittel löst sich der Toner vom Papier und überträgt sich auf die Oberfläche. Anschließend wird wie auf Abb. 6.14 das Papier vorsichtig abgezogen. Ist das Motiv wie gewünscht übertragen, kann anschließend eine Klarlackschicht zum Schutz aufgebracht werden. Hierbei kommt es nun auf die richtige Menge an Verdünnung an. Zu wenig Lösemittel, und das Motiv wird überhaupt nicht oder nur teilweise übertragen. Wird zu viel Lösemittel verwendet, verschwimmt das Motiv auf dem Untergrund und es sind nur unschöne Flecken sichtbar. Zu Übungszwecken sind saugende Untergründe wie Holz empfehlenswert, da diese etwas zu viel Verdünnung aufsaugen ohne das Motiv direkt zu schädigen. Ansonsten ist ein Lösemittelresistenter Untergrund notwendig. Hierbei empfehle ich am besten eine durchgetrocknete und geschliffene Klarlackschicht. Wenn gewünscht, kann die Verdünnung auch mit einer Lackierpistole aufgebracht und anschließend mit einem Tuch leicht Druck auf das Motiv

Abb. 6.11 Ausgedrucktes Motiv

Abb. 6.12 Auf Untergrund fixieren

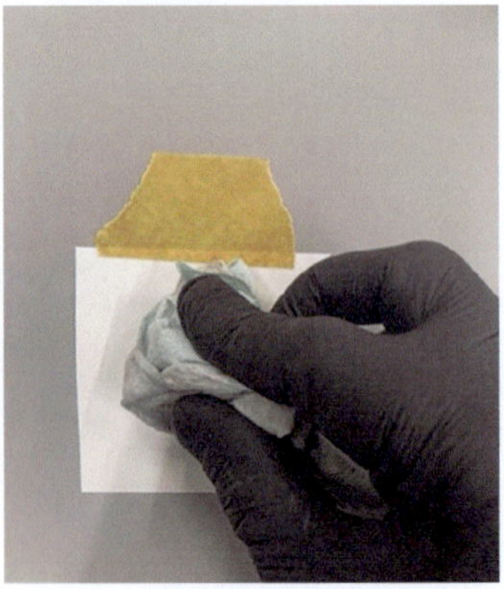

Abb. 6.13 Mit Lösemittel befeuchten und andrücken

Abb. 6.14 Papier abziehen

ausgeübt werden. Da bei dieser Technik nicht alle Bereiche gleichmäßig übertragen werden, verleiht diese Technik dem Motiv einen starken Vintage Charakter. Dieses sollte bereits bei der Wahl des Motives mitbedacht werden. Eher ungeeignet sind große oder vollflächige Drucke.

Gerade bei Vollflächigen ausdrucken verdunsten die Lösemittel meist zu schnell. Während die einen Teilbereiche noch übertragen werden, beginnen die bereits bearbeiteten Bereiche schon wieder am Papier zu kleben und werden später wieder mit abgezogen oder es entstehen unschöne Farbfäden. Bei kleinen Fehlstellen kann vorsichtig nachgearbeitet und Flecken mit etwas Verdünnung entfernt werden. Ist das Ergebnis nicht wie gewünscht, kann es einfach abgewaschen werden und man startet einen neuen Versuch. Hierfür jedes Mal einen neuen Ausdruck verwenden. Je weniger ein Untergrund saugend ist, je wichtiger ist die genaue Lösemittelmenge um die bestmöglichste Übertragung zu erhalten.

Daher sind zu Anfang einige versuche vorteilhaft.

Hier ist, wie bei jedem Umgang mit Lösemitteln auf das tragen der entsprechenden Schutzausrüstung zu achten, da Lösemittel Giftstoffe sind, die sowohl über die Atemwege, als auch über die Haut in den Körper eindringen können.

Diese Technik lässt sich optimal mit anderen kreativen Lacktechniken kombinieren oder auch alleine genutzt werden. Durch das Übertragen entstehen Bilder, die an alte und verwitterte Kirchenmalereien erinnern. Durch fehlen mancher Pigmente oder Bildstellen entsteht ein extremer Vintage Look. Nachfolgend ein paar Beispiele für den Einsatz dieser Technik. So zeigt Abb. 6.15 das mit Lösemittel übertragene Patent des Motorwagen 1. Gemischt mit Spinnfaserlack und Airbrushtechnik. Abb. 6.16 zeigt eine Spiegelkappe auf der ein Löwe mit Lösemittel übertragen wurde. Anschließend wurden mit der Airbrushtechnik noch Flammen hinzugefügt.

Abb. 6.15 Patent des Motorwagens mit Airbrushtechnik ausgearbeitet

Abb. 6.16 Löwe mit Airbrushtechnik ausgearbeitet

6.3 Wassertransfer/Wasserschiebefolie

Ist wohl die einfachste Möglichkeit, Fotorealistische Bilder auf eine Oberfläche zu bekommen. Ein Beispiel hierfür zeigt Abb. 6.17 bei dem Urlaubsfotos in eine Designlackierung integriert wurden. Hierfür kommen spezielle Folien zum Einsatz, welche mit dem gewünschten Motiv bedruckt werden können. Diese Folien gibt es für Tintenstrahl- und für Laserdrucker. Ich habe bereits mit beiden Varianten gearbeitet. Wichtig ist hier aber die Qualität des Druckers, beziehungsweise des Ausdrucks. Die Folien gibt es sowohl in Weiß, als auch in transparent. Welche hiervon genutzt wird, hängt vom gewünschten Ergebnis ab. Für vollflächige Motive eignet sich ein weißer Untergrund. Sollen nur Schriften, Linien oder nicht ausgefüllte Motive übertragen werden, ist der Einsatz von transparenter Folie sinnvoller. Ebenfalls ist die Wahl der Wasserschiebefolien natürlich abhängig vom Untergrundfarbton. Bei einem weißen Farbton ist das Nutzen transparenter Folie unproblematisch. Je dunkler allerdings der Untergrund wird, je weniger wird später zu erkennen sein da der Drucker die Farbintensität auf Grundlage eines weißen Untergrunds verwendet. Da der dunklere Untergrund durch die transparente Folie durchschimmert und die Farben abtönt wären diese später nicht mehr sichtbar. Ich versuche mir

Abb. 6.17 Urlaubsfotos auf einer Fahrzeugseite

in diesem Fall durch leichtes an nebeln des Untergrundes mit weiß einen hellen Untergrund zu schaffen auf dem mein Motiv sichtbar bleibt. Wird eine weiße Folie genutzt, müssen die Ränder sauber geschnitten werden um später keine sichtbaren Randzonen zu erhalten. Das gewünschte Motiv wird auf die Wasserschiebefolie in möglichst guter Qualität und Auflösung gedruckt wie Abb. 6.18 zeigt. Ich wähle hierfür Fotoqualität in den Druckeinstellungen. Anschließend sollte der Ausdruck gemäß der Angabe des jeweiligen Folienherstellers trocknen. Ich selbst warte zumindest 10–20 min bis ich die Folie weiter verarbeite trotz angegebener Zeit von 24 h. Nun wird ein Klarlack auf die bedruckte Folie aufgebracht. Wichtig hierbei ist, dass dieser möglichst dünn aber geschlossen aufgebracht wird. Je dicker der Klarlack, je extremer der Höhenunterschied den es später auszugleichen gilt. Hierbei kann auch problemlos ein 1 K Klarlack aus der Spraydose genutzt werden, da dieser nur zur Fixierung des Ausdruckes dient und später ja eh noch überlackiert wird. Nach Klarlackauftrag muss der Ausdruck gut trocknen. Nach der Trocknung wird die Oberfläche, beziehungsweise die Klarlackschicht des Ausdruckes leicht mit einem Schleifpad aufgeraut, um die Haftung des später folgenden Klarlacks zu garantieren. Den Untergrund ebenfalls vorbereiten, wie für jede neue Beschichtung. Ist alles soweit vorbereitet, wird der Ausdruck wie auf Abb. 6.19 auf die passende Größe zugeschnitten, was vor allem bei einer weißen Folie wichtig ist. Wird die transparente Variante genutzt wie in meinem Beispiel, verschwindet diese meist fast unsichtbar. Nun wird der

Abb. 6.18 Motiv wird auf Folie gedruckt

Abb. 6.19 Ausgeschnittenes Motiv

Abb. 6.20 Folie in Wasser einweichen

Ausdruck wie auf Abb. 6.20 in lauwarmes Wasser gelegt bis sich die Folie vom Trägerpapier löst. Hier die Vorgaben des Herstellers beachten. Ist die Folie soweit eingeweicht, wird diese nun vom Trägerpapier auf die Oberfläche geschoben was auf Abb. 6.21 zu sehen ist. Hierbei am Besten an einem Ende ansetzen und das Transferpapier vorsichtig zur anderen Seite unter der Folie heraus ziehen. Dabei darauf achten, das keine Falten oder Knicke entstehen. Anschließend mit einem saugenden Tuch die Folie auf der Oberfläche andrücken und gleichzeitig überschüssiges Wasser aufnehmen was Abb. 6.22 zeigt. Die Folie wird nun überall auf den Untergrund gedrückt und versucht, das Wasser unter der Folie seitlich heraus zu drücken, ähnlich wie bei Nassverklebungen von Klebefolien. Allerdings muss hierbei deutlich vorsichtiger gearbeitet werden, da die Folien nur sehr dünn und empfindlich sind. Ist die Folie wie auf Abb. 6.23 möglichst Blasenfrei auf dem Untergrund, lässt man diese nun gut trocknen. Ich habe hier die Erfahrung gemacht, das mindestens 48 h gewartet werden sollte um spätere Risiken zu minimieren. Will man auf Nummer sicher gehen, lässt man das Objekt nach 48 h nochmal zusätzlich ein bis zwei Durchgänge forciert trocknen. Dadurch ist sichergestellt, dass das Wasser wirklich restlos verdunstet ist. Zusätzlich kann der durch die Wärme weich gewordene Klebstoff bei Bedarf nochmal ordentlich festgedrückt werden sollten Bläschen entstanden sein. Nun kann zum Schutz der Klarlackauftrag erfolgen. Sollten die Randbereiche der Folie noch zu sehen sein, können diese nach dem Klarlackauftrag und erfolgtem Zwischenschliff

Abb. 6.21 Motiv wird von Trägerpapier geschoben

Abb. 6.22 Festdrücken und Wasser ausstreichen

Abb. 6.23 Motiv auf Untergrund übertragen

noch überarbeitet oder retuschiert werden. Soll das Motiv noch weiter bearbeitet oder mit anderen Lackiertechniken wie beispielsweise Candylacken kombiniert werden, muss zwingend nach dem aufbringen der Folien ein Klarlackgang erfolgen. Dieses dient nicht nur dem Schutz der Folie, sondern gibt die Möglichkeit die Randzonen glatt schleifen zu können. Wird dieses nicht gemacht, sammelt sich die Farbe an den Folienrändern und zeichnet diese durch Farbanlagerungen deutlich ab. Die Ränder werden sichtbar und lassen sich nur noch schwer wieder retuschieren. Nach dem Klarlackauftrag und erfolgtem Zwischenschlff kann die Oberfläche in jeder denkbaren Variante problemlos weiter bearbeitet werden. Mit dieser sehr einfachen Möglichkeit, kann fast jedes Motiv auf den gewünschten Untergrund übertragen werden. Bei Ebenen Flächen stellen auch großflächigere Motive kein Problem dar. Sind die Flächen allerdings gewölbt, geknickt oder rund, kommt diese Technik sehr schnell an ihre Grenzen da die Folie sich weder dehnen noch stauchen lässt. Lässt es sich nicht vermeiden, kann das Objekt etwas feiner ausgeschnitten, oder an Stellen, die sich später leicht retuschieren lassen, ein paar feine Schnitte gesetzt werden. Dadurch biegt sich die Folie leichter, da im Schnittbereich die Kanten überlappen können. Dies ist zwar nicht die optimale Lösung, aber gegebenenfalls ein akzeptabler Kompromiss. Je größer das Motiv, je weniger Oberflächenflexibilität der Folie. Anbei noch ein paar Beispiele für den Einsatz der Wasserschiebefolien. So zeigt Abb. 6.24 eine Fahrzeugseite auf deren Design Bilderrahmen aufgebracht wurden. Wie

Abb. 6.24 Motiv wird vorbereitet

Abb. 6.25 zeigt, wurde in diese Bilderrahmen im Anschluss die Urlaubsfotos eingepasst und mit Wasserschiebefolien aufgebracht. Nach einem Gang Klarlack mit zwischenschliff wurden die Randbereiche noch nachkoloriert.

Auf Abb. 6.26 und 6.27 wurden Bilder mit Wasserschiebefolie auf den Untergrund übertragen und anschließend mit der Airbrushtechnik überarbeitet damit sich diese in den Hintergrund integrieren.

Abb. 6.25 Folien werden aufgebracht

Abb. 6.26 Folie auf lackierten Spielkarten

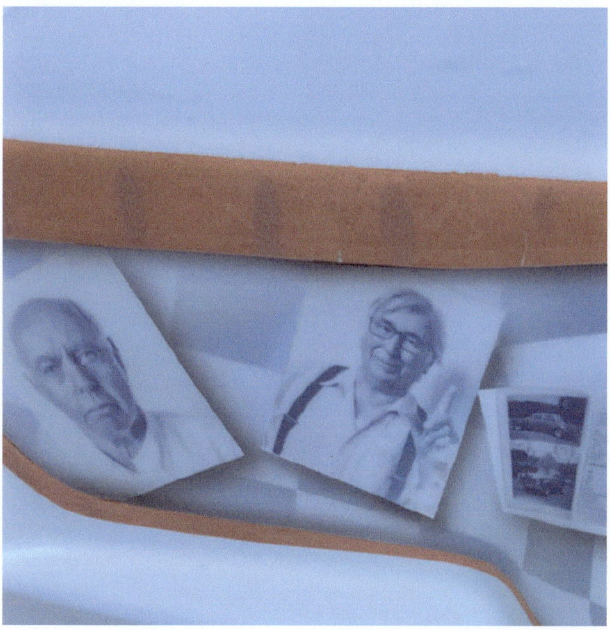

Abb. 6.27 Fotos mit Folie aufgebracht

Aufbau eines Designs 7

Inhaltsverzeichnis

Hierbei sollte für die Planung genügend Zeit vorhanden sein um diese gewissenhaft vornehmen zu können. Wenn die eigenen Fähigkeiten bekannt sind, kann ein diesen angepasstes Design entworfen und geplant werden. Zu Anfang ist es von Vorteil, dieses zumindest grob zu skizzieren oder sogar einen genauen Entwurf zu erstellen wie Abb. 7.1 beispielhaft zeigt. Im Anschluss beginnt die Planung der notwendigen Arbeitsschritte und deren Reihenfolge. Dieser Teil ist fast schwieriger wie die Umsetzung selbst um während der Lackierarbeiten nicht unnötig Zeit zu verlieren. Ein sinnvoller Aufbau der Arbeitsschritte ist mit das Wichtigste und entscheidend für das spätere Ergebnis. Je komplexer ein Design, je wichtiger ist diese Planung um nicht den Überblick zu verlieren. Zusätzlich können im Vorfeld noch Hilfsmaterialien wie Schablonen oder Muster angefertigt werden um später ein zügiges Arbeiten gewährleisten zu können. Die Anfangsskizze muss nicht zu detailliert gefertigt werden, da sich meist im Zuge des Entstehens eines Designs Ideen ändern oder sich neue Varianten ergeben. Diese Skizze ist auch nicht in Stein gemeißelt sondern soll lediglich als grober Anhaltspunkt gesehen werden, ähnlich einem so genannten roten Faden. Das endgültige Design entsteht und verändert sich meist erst beim Umsetzen. Ist die Arbeitsplanung soweit abgeschlossen, kanns auch schon los gehen.

A. Hagemann, *Lackdesign*, https://doi.org/10.1007/978-3-658-49380-6_7

Abb. 7.1 Farbentwurf als Vorlage

Wichtige Punkte in der Planung

- Untergrund Beschaffenheit und notwendige Vorarbeiten?
- Benötigtes Lackmaterial, Hilfsmittel, Werkzeug, Schutzausstattung?
- Reihenfolge der einzelnen Arbeitsschritte?
- Planung von Trocknungs- und Ruhezeiten, daher genügend Zeit für das Projekt einplanen.

Sollte bei der Umsetzung etwas schief gehen, nicht gleich den Kopf in den Sand stecken. Fast bei Jedem läuft mal etwas schief. Wichtig ist zu wissen, wie man Probleme wieder in den Griff bekommt. Gerade hier ist Improvisationstalent gefragt um im Falle eines Falles eine passende Lösung zu finden. So ist bis heute noch ein Stück Schablonenfolie auf meiner Weltmeisterhaube. Diese habe ich während der Arbeiten schlichtweg vergessen vor dem Klarlack zu entfernen. Zwar ist mir dieses direkt nach der Klarlackbeschichtung aufgefallen, aber da war es zu spät. Da ich wusste, hätte ich versucht diese noch zu entfernen, hätte das Motiv dadurch deutliche Schäden davon getragen, fiel der Entschluss das kleinere Übel zu wählen und die Folie auf der Haube zu belassen. Runterschleifen und alles nochmal machen? Für mich in diesem Fall keine Option. Also gekonnt retuschiert und in das Design so integriert, dass niemand auf die Idee kommen würde, dass es sich hier um einen Fehler handelt. Trotzdem gibt es auch Probleme, bei denen jeder Versuch etwas zu retten die Sache meist nur noch schlimmer macht oder nur sinnlos Zeit kostet. In diesen Fällen muss man sich den Fehler eingestehen, in den sauren Apfel beißen, zur Schleifmaschine greifen und nochmal von vorne beginnen. Nichts ist schlimmer und deprimierender wie wenn sich vertuschte Fehlstellen nach der Fertigstellung des Designs wieder zeigen oder gar zu Reklamationen führen. Einen Teil meiner Weltmeister

Abb. 7.2 Projekt: Steampunk Bobbycar

Haube musste ich auch ein zweites Mal machen, da nach der Fertigstellung eines Teilbereichs oberflächlich kleine Bläschen zum Vorschein kamen. Der Versuche diese einfach nur eben zu schleifen oder in Klarlack einzubetten wäre, wenn überhaupt, nur sehr zeitlich begrenzt erfolgreich gewesen. Vermutlich waren aufgrund der hohen Schichtstärke und zu schneller Beschichtungsintervalle zu viele Restlösemittel im Untergrund vorhanden. Somit bliebt hier kein sinnvoller Ausweg mit Ausnahme der kompletten Entfernung aller Lackschichten im betroffenen Bereich. Aber aus Fehlern lernt man ja bekanntlich. Wie heißt es so schön: „Nicht zur Strafe, nur zur Übung!" Wer erfolgreich designen will, muss improvisieren und mit Rückschlägen umgehen können.

Nachfolgend stelle ich ein paar Beispiele für Designlackierungen vor und erläutere Schritt für Schritt welche Arbeiten nacheinander durchgeführt wurden um zu dem gezeigten Ergebnis zu gelangen. Zwar ist natürlich jedes Design individuell und sehr unterschiedlich, aber dennoch verschaffen diese Beispiele etwas Hilfestellung bei der Arbeitsplanung. Eine sehr gute Vorstellungskraft ist hier von Vorteil. Noch bevor die erste Farbe lackiert wird sollte das fertige Objekt vor dem inneren Auge bereits sichtbar, beziehungsweise vorstellbar sein. Nun wird versucht, gedanklich die einzelnen Arbeitsschritte zu gliedern und sinnvoll auf einander aufzubauen. Beispielhaft könnte so eine grobe Arbeitsschrittplanung für die Lackierung des Steampunk Bobbycar aus Abb. 7.2 wie folgt aussehen:

- Untergrund vorbereiten, Spachteln, Füllern
- Eine Woche Trocknungspause, dann Feinschliff
- Grundfarbe Silber und Klarlack mit Zwischenschliff, abkleben
- Teilbereich Holz gestalten
- Zwei Wochen Pause damit alles vernünftig trocknen kann

- Teilbereich Silber gestalten
- Fehlstellen ausbessern, Details setzen
- Anbauteile gestalten
- Klarlackieren und Zusammenbau

7.1 Designbeispiel 1: Excalibur

Das Designbeispiel von Abb. 7.3 wurde auf einer MDF Platte gefertigt. Diese wurde zur Untergrundvorbehandlung mit Tiefengrund behandelt. Anschließend geschliffen und mit Füller beschichtet. Nach erfolgtem Feinschliff mit P600 erfolgte die Grundbeschichtung in RAL 9005 Tiefschwarz inklusive Klarlackversiegelung. Nach Durchtrocknung wurde die Klarlackschicht mit P1000 erneut geschliffen um weiter arbeiten zu können und die Haftung der nachfolgenden Schichten zu gewährleisten. Bei diesem Design wurden verschiedene kreative Lacktechniken angewendet welche sich ergänzen und zusammen ein stimmiges und interessantes Gesamtbild ergeben.

Verwendete Techniken	Verwendete Materialien
• Airbrushtechnik	• Schlagmetall Messing/Gold
• Schablonentechnik	• Anlegemilch, Pinsel, Schleifstempel
• Sprenkeltechnik	• Schablonenfolie, Klebebänder
• Oberflächenvergoldung	• Wasserbasisfarben schwarz, Weiß, Silber
	• Candylack Grün
	• Diverse Schleifmittel, Schwamm, Skalpell
	• Zierlinienband

Dieses Beispiel zeigt eine klassische Candy Lackierung gemischt mit Schlagmetall. Hier könnte natürlich anstatt der Airbrushtechnik auch eine andere Gestaltungsoption gewählt werden. So könnte ein Motiv mit Schablonenfolie auf lackiert, mit Lösemitteltechnik übertragen oder auch per Wasserschiebefolie auf den Untergrund gebracht werden. Wichtig hierbei ist, die Gestaltung muss vor Auftrag des Candy Lackes komplett fertig gestellt sein. Nachträglich lässt sich hier kaum noch etwas ändern.

Abb. 7.3 Designbeispiel mit Candy Lack

Tab. 7.1 Arbeitschrittgliederung Designbeispiel 1

Beispielbild	Arbeitsschritt	Werkzeug und Material
	Die geschliffene Platte wurde gereinigt und der zu vergoldende Bereich wurde eingemessen und abgeklebt. Anschließend wurde die Anlegemilch aufgetragen. Nach der Trocknung wurden die Klebebänder wieder entfernt und die Oberflächenvergoldung vorgenommen	• Klebeband • Reinigungsmittel • Anlegemilch • Pinsel • Schlagmetall • ggf. Anlegepinsel
	Nachdem das Schlagmetall aufgelegt wurde, wird dieses vorsichtig angedrückt. Anschließend wird überschüssiges Material entfernt. Hierfür verwende ich einen sehr weichen Rasierpinsel. Danach kann die Fläche poliert werden um den Glanz zu erzielen. Zusätzlich habe ich die vergoldeten Bereiche mit einem Schleifstempel überarbeitet	• Pinsel • Poliertuch • Schleifstempel (Eigenbau) • P3000
	Nachdem das Schlagmetall komplett getrocknet ist, wurde die Fläche mit Klarlack versiegelt, erneut geschliffen und die gewünschten Bereiche abgeklebt. Ebenfalls wurde die Vergoldung abgeklebt und in diesem Zuge die Ränder nachgearbeitet	• Klarlack • Klarlackpistole • PSA, Lackkabine • P600 • Klebeband • RAL 9005
	Nun wird der Hintergrund angelegt. Hierfür habe ich zwei Silberfarbtöne genutzt. Den dunkleren habe ich zuerst als Spiritustechnik aufgebracht und anschließend leicht übernebelt. Danach wurde der hellere ebenfalls in Spiritustechnik aufgebracht und erneut damit übernebelt. Zum Schluss noch Spritzer und Sprenkler mit den Händen	• Silberfarbtöne • Spiritus • Handschuhe

(Fortsetzung)

Tab. 7.1 (Fortsetzung)

Beispielbild	Arbeitsschritt	Werkzeug und Material
	Als Nächstes wurde Schablonenfolie aufgebracht, das Schwertdesign übertragen und gestaltet. Hierfür wäre auch eine reine Schablonentechnik nutzbar falls man mit der Airbrushtechnik nicht vertraut ist	• Schablonenfolie • Skalpell, Bleistift • Vorlage • Airbrush
	Nun wurde der Felsen mit einem Schwamm, schwarz und weiß gestaltet. Anschließend wurde die Schrift mithilfe von Schablonenfolie aufgebracht. Ebenfalls wurden noch ein paar Zierelemente um das Schwert in Schwarz und Weiß auf lackiert	• Schablonenfolie • Schwamm • Schwarz und weiß • Airbrush
	Anschließend wurde noch die Beschriftung im vergoldeten Bereich aufgebracht, wobei diese nur leicht an den Rändern auslackiert wurde um nicht zu sehr hervor zu stechen. Fehlstellen wurde jetzt ebenfalls noch ausgebessert	• Schablonenfolie • Farbe schwarz • Airbrush
	Nach der Trocknung erfolgte der Candylack in mehreren Gängen inklusive Klarlackbeschichtung mit Zwischenschliff für eine Glatte und Glänzende Oberfläche	• Candylack • Klarlack • P1000 • PSA, Lackkabine

7.2 Designbeispiel 2: Werbeschild, Vintage

Das Designbeispiel von Abb. 7.4 wurde auf einer MDF Platte gefertigt. Diese wurde zur Untergrundvorbehandlung mit Tiefengrund behandelt. Anschließend geschliffen und mit Füller beschichtet. Nach erfolgtem Feinschliff mit P600 erfolgte die Grundbeschichtung in RAL 9005 Tiefschwarz inklusive Klarlackversiegelung. Nach Durchtrocknung wurde die Klarlackschicht mit P1000 erneut geschliffen um weiter arbeiten zu können und die

Abb. 7.4 Designbeispiel Werbeschild

Haftung der nachfolgenden Schichten zu gewährleisten. Bei diesem Design wurden verschiedene kreative Lacktechniken angewendet welche sich ergänzen und zusammen ein stimmiges und interessantes Gesamtbild ergeben.

Verwendete Techniken	Verwendete Materialien
• Folientechnik	• Schlagmetall Messing/Gold
• Spachtelrelief	• Anlegemilch, Pinsel, Schleifstempel
• Wasserschiebefolie	• Schablonenfolie, Klebebänder
• Oberflächenvergoldung	• Wasserbasisfarben Ocker, Braun, Schwarz, Silber, Hellelfenbein, Weiß
• Holzimitation	• Candylack Blau
• Lösemitteltransfer	• Diverse Schleifmittel, Drahtbürste, Skalpell
	• Klebeband

Tab. 7.2 Arbeitsschrittgliederung Designbeispiel 2

Beispielbild	Arbeitsschritt	Werkzeug und Material
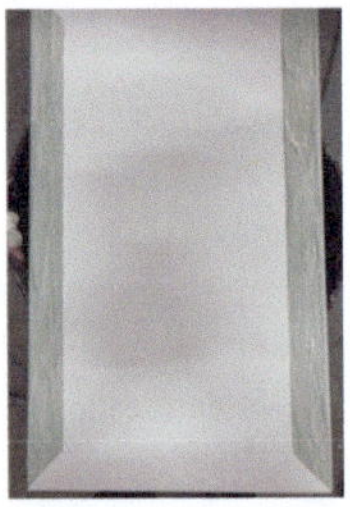	Zu Anfang wurde mit Spachtel der Holzrahmen angelegt und modelliert. Hierzu wurde immer in Teilabschnitten gearbeitet um die Gehrungsschnitte in den Ecken besser anlegen zu können und keine Probleme mit der schnellen Trocknungszeit des Spachtels zu bekommen	• PSA/Handschuhe • Klebeband • 2 K Spachtelmasse
	Anschließend wurde die Schrift als Relief mit Ausbrüchen angelegt. Ebenfalls wurden die beiden mittleren Flächen gespachtelt um die hervor zu heben. Nach der Trocknung wurden diese beiden Flächen eben geschliffen um einen gleichmäßigen Untergrund zu bekommen. Im Anschluss erfolgte ein dünner Füllerauftrag in schwarz	• PSA/Handschuhe • Klebeband • 2 K Spachtelmasse • Schleifpapier P320 • Handschleifklotz • P400 Exzenter
	Nach dem Feinschliff wurde der schwarze Füller direkt mit einer Folientechnik in Silber weiter bearbeitet. Hier wurde mit Folie getupft, da die Fläche zu klein und Kantenreich war um eine Folie auflegen zu können ohne damit Lackansammlungen an den Kantenbereichen zu riskieren	• PSA • Schleifmittel • Folie • Basislack Silber
	Als nächstes wurde das untere Feld abgeklebt und weiß lackiert. Im Anschluss wurde die Hintergrundfläche mit Blau eingefärbt	• PSA • Candyblau • Lackierkabine • Lackierpistole • Abklebematerial • Basislack weiß

(Fortsetzung)

Tab. 7.2 (Fortsetzung)

Beispielbild	Arbeitsschritt	Werkzeug und Material
	Nach einer Schicht Klarlack, der Holzrahmen wurde hierfür abgeklebt, und dem notwendigen Zwischenschliff wird das Foto im Wassertransfer-Verfahren aufgebracht. Da ich hierfür eine Transparente Folie nutze, ist der weiße Untergrund notwendig damit alle Farben auch korrekt wiedergegeben werden	• Klarlack • Lackierpistole • Lackierkabine • PSA • Wassertransferfolie • Drucker • Wasserbecken • Weiche Papiertücher
	Danach erfolgt die Vergoldung der oberen Fläche. Diese wurde zusätzlich noch mit einer Schleiftechnik bearbeitet. Ebenfalls wurde das Schriftrelief im unteren Bereich vergoldet. Durch die ausgebrochenen kanten erscheint dieses im exklusiven Vintage-Style	• Blattgold oder Schlagmetall • Anlegemilch • Schleifstempel • Anlegepinsel • Rasierpinsel • Poliertuch
	Anschließend erfolgt ein weiterer Klarlack Auftrag im Innenbereich um die vergoldeten Bereiche zu sichern und zu schützen. Nach dem Zwischenschliff wurde nun der äußere Holrahmen gestaltet und nach Fertigstellung mit einem matten Klarlack überzogen	• Pinsel, Schwamm • Schleifvlies • Basisfarben für Holz • Klarlack Matt • PSA • Lackierpistole • Lackierkabine • Schleifmaterial
	Abschließend wurde das Firmenlogo und die Anschrift auf die vergoldete Fläche im Lösemitteltransfer aufgebracht. Aufgrund der vorhandenen Klarlackschicht, sind hier auch mehrere Versuche möglich bis das gewünschte Ergebnis erreicht ist	• Drucker • Verdünnung • Lappen • PSA

(Fortsetzung)

Tab. 7.2 (Fortsetzung)

Beispielbild	Arbeitsschritt	Werkzeug und Material
	Zuletzt wurden noch Kanten Bereiche nachgearbeitet oder kleine Fehlstellen ausgebessert. Anschließend erfolgte im Innenbereich der letzte Klarlackgang in Hochglanz	• PSA • Klarlack • Lackierpistole • Lackierkabine • Abklebematerial

7.3 Designbeispiel 3: AMG Bobbycar

Das Designbeispiel von Abb. 7.5 und Abb. 7.6 ist aus der Praxis. Dieses Kinderrutschfahrzeug wurde 2024 für einen Lackierwettbewerb gestaltet und ist dort unter den besten drei platziert worden. Auch bei diesem Design wurden verschiedene kreative Lacktechniken zu einem harmonischen Gesamtbild kombiniert. Um einen Lackierbaren Untergrund zu schaffen, wurde das Fahrzeug nach dem Zerlegen grob mit K 120 angeschliffen und mit Verdünnung abgewaschen. Anschließend erfolgten zwei Durchgänge im Trockenofen um den Kunststoff zu tempern. Nach erneutem abwaschen mit Verdünnung wurde eine Haftbrücke aus Epoxidharzgrundierung aufgebracht. Anschließend erfolgten zwei Füllerdurchgänge um eine ebene Oberfläche zu bekommen. Diese wurde in Reinweiß Grundlackiert und ein Zwischenschliff erfolgte um den Untergrund für den Aufbau des Design vor zu bereiten.

Abb. 7.5 Bobbycar Thema: AMG

Abb. 7.6 Bobbycar Thema: AMG

Verwendete Techniken	Verwendete Materialien
• Folientechnik	• Schlagmetall Kupfer/ Rosegold
• Airbrushtechnik	• Anlegemilch, Pinsel, Schleifstempel
• Wasserschiebefolie	• Schablonenfolie, Klebebänder
• Oberflächenvergoldung	• Wasserbasisfarben Schwarz, Silber, Weiß, Türkis, Rot
• Schablonentechnik	• Schleifmittel, Skalpell, Schablonenfolie
• Lösemitteltransfer	• Klebeband, Zierlinienband
• Farbverlauf	

Tab. 7.3 Arbeitsschrittgliederung Designbeispiel 3

Beispielbild	Arbeitsschritt	Werkzeug und Material
	Begonnen wurde mit der Oberflächenvergoldung. Im Anschluss wurden Bilder mit Wasserschiebefolie aufgebracht. Diese beiden Techniken verursachen bei diesem design die größten Höhenunterschiede und erfolgen aufgrund dessen gleich zu Anfang um die Fläche später in den zwischenschliffen problemlos ebnen zu können. Anschließend erfolgte ein Klarlackauftrag	• PSA/ Handschuhe • Klebeband • Zierlinienband • Vergoldungswerkzeug • Schlagmetall Kupfer • Wasserschiebefolien • weiche Papiertücher
	Nach dem Zwischenschliff und der Reinigung wurden die Kantenbereiche der Vergoldung nachgearbeitet. Mit Schablonenfolie wurde die Startnummer aufgebracht, die Fotos umrandet und die restliche Fläche mit einem dezenten Rennflaggenmuster gefüllt. Dieses wurde nach hinten verlaufend immer dezenter und auslaufend lackiert	• PSA/ Handschuhe • Klebeband • Exzenterschleifer • Schleifmittel K 600 • Schablonenfolie • Basislack schwarz • Dekopistole
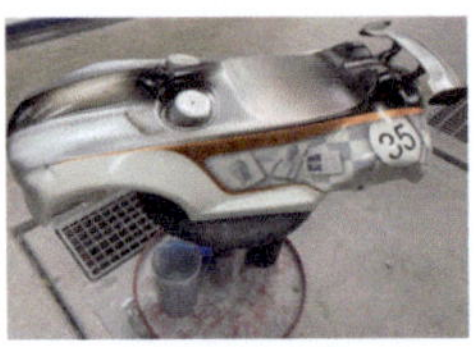	Nach Klarlack und Zwischenschliff wurde Silber und Schwarz ineinander fließend lackiert. Hierbei wurden an einem Teilbereich der Motorhaube zusätzlich Dekostreifen im Vorfeld abgeklebt und der mittlere Bereich ausgespart	• PSA • Schleifmittel K 600 • Exzenterschleifer • Spot Repair Pistole • Basislack Silber, Schwarz • Klebeband • Zierlinienband
	Nach Klarlack und Zwischenschliff wurde eine technische Zeichnung des Fahrzeugs mit der Lösemitteltechnik auf die Haube gebracht. Zusätzlich wurde im Bereich der Dekostreifen eine Folientechnik mit Silber durch tupfen aufgebracht	• PSA • Schleifmittel K 600 • Exzenterschleifer • Folie zum tupfen • Basislack Silber • Klebeband • Zierlinienband • Drucker und Papier • Lösemittel

(Fortsetzung)

Tab. 7.3 (Fortsetzung)

Beispielbild	Arbeitsschritt	Werkzeug und Material
	Nun wurde mit Schablonen sowohl der AMG Schriftzug, als auch der Stern auf lackiert und die Lufteinlässe leicht betont	• Airbrushpistole • Schablonenfolie • Basislack Schwarz, Weiß • PSA
	Im Heckbereich wurden ebenfalls Beschriftungen mit Schablonenfolie aufgebracht. Das Logo auf dem Heckflügel wurde Silber lackiert. Anschließend von unten leicht schwarz an genebelt. Danach erfolgte der zweite Schriftzug in Silber im Vordergrund. Ebenfalls wurden links und rechts am Sitz Namen und Flagge aufgebracht	• Airbrushpistole • Schablonenfolie • Dekopistole • Basislack Schwarz, Weiß Silber, Rot, Gelb • PSA
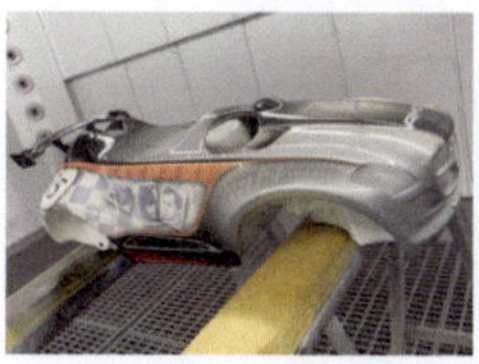	Abschließend wurden noch Schriftzuge auf den vorderen Kotflügeln, eine Zierlinie an den Seiten in Türkis und rote Linien im Schwellerbereich aufgebracht. Zusätzlich wurden die Scheinwerfer Farblich gestaltet, der Unterboden angepasst, die Luftgitter farblich angepasst und die Kennzeichen aufgezogen. Im Anschluss wurde alles mit Klarlack versiegelt und das lack-Finish erfolgte	• PSA • Schablonenfolie • Zierlinienband • Klebeband • Dekopistole • Acrylmarker schwarz • Basislack Schwarz, Rot, Türkis • Wasserschiebefolie
	Als Letztes ging es an die Anbauteile. Hier wurden die Radkappen, das Lenkrad und die Tachoblenden lackiert	• PSA • Lackierpistolen • Basislack Schwarz, Rot, Silber • Zierlinienband • Klebeband

7.4 Designbeispiel 4, Motorhaube der Weltmeisterschaft

Thema: DEUTSCHER INGENIEURS- UND ERFINDERGEIST DER AUTOMOBILINDUSTRIE.

In diesem letzten Beispiel erläutere ich im Gegensatz zu den verhältnismäßig einfachen Designs der ersten drei Beispiele den Aufbau einer sehr aufwendigen Designlackierung auf einer Motorhaube wie diese auf Abb. 7.7 zu sehen ist. Auf dieser Haube befinden sich 16 verschiedene Lacktechniken und Effekte. Mit dieser Motorhaube habe ich 2021 auf der Automechanika im Bereich Lackdesign die deutsche Meisterschaft der Fahrzeuglackierer und im Anschluss auch die Weltmeisterschaft gewonnen. Vorgabe hierbei war, dass das Design das Herkunftsland des Teilnehmers widerspiegelt. Gesamtarbeitszeit bei diesem Projekt waren etwa 210 h.

Abb. 7.7 Motorhaube der Weltmeisterschaft

Planung

Wie bereits erwähnt steht zu Anfang die Planung und Vorbereitung des Projektes an. Hierfür muss man sich mit dem Objekt, den Vorgaben und eventuell vorhandenen Gegebenheiten gründlich auseinandersetzen. Ich habe mir hier zu Anfang einen Zettel genommen, und alles, was mir passend zum Thema in den Kopf kam einfach aufgeschrieben wie Abb. 7.8 zeigt. Zeitgleich habe ich mir überlegt, welche Motorhaube aufgrund ihrer Form für mein Projekt passend wäre. Nachdem ich mich für eine Haube entschieden hatte, wurde die Haube mit Ihren Konturen als Skizze gezeichnet. Um diese nicht mehrmals fertigen zu müssen, habe ich die Skizze kopiert um dann meine Ideen dort einzeichnen zu können. Durch diese ersten Skizzen ließ sich die Kombination der verschiedenen Ideen, die Flächenaufteilung, Gestaltungselemente und vieles mehr zumindest grob visualisieren um eine bessere Vorstellung vom Gesamtergebnis zu erhalten und gleichzeitig eine Vorlage zu schaffen, an der ich mich orientieren konnte. Abb. 7.9 zeigt diese erste und gleichzeitig finale Entwurfsskizze.

Als nächstes habe ich alle mir bekannten Effektlacke und kreative Lacktechniken notiert und überlegt, welche sich hiervon eignen und im Projekt Verwendung finden. Ebenso ging es an die Planung der allgemeinen Farbgebung und erste Farbmuster wie Abb. 7.10 zeigt wurden gefertigt um die Farbharmonie sicher zu stellen. Zeitgleich wurde die genaue Gestaltung, Gestaltungselemente und Techniken detaillierter geplant und auch hier teilweise Muster erstellt um die Durchführbarkeit und deren genaue Erscheinung zu prüfen.

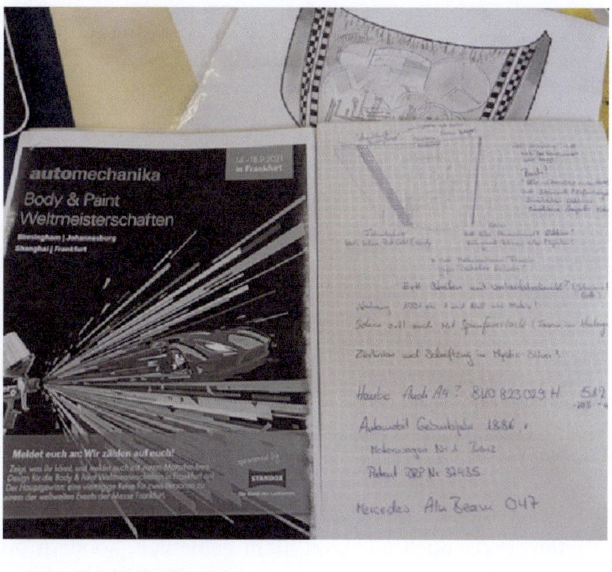

Abb. 7.8 Brainstorming und Mindboard

Abb. 7.9 Entwurfsskizze des Projektes

Abb. 7.10 Farb- und Lacktechnik Musterbleche

In dieser Phase des Projektes war zwar bereits ein Plan vorhanden an dem ich orientieren konnte, allerdings war noch nichts in Stein gemeißelt, sondern offen, anpass- und veränderbar. Ein Projekt dieser Größenordnung bis ins kleinste Detail zu planen ist fast nicht möglich. Das Projekt entsteht und verändert sich während der Umsetzung. Wichtig ist der rote Faden, an dem man sich als Richtlinie entlangarbeiten kann. Trotzdem kommen während der Fertigung immer auch noch neue Ideen, womit sich das Design noch ergänzen oder ausbauen lässt. Es ist ein Entstehungsprozess, für den man offen sein sollte und der sich nicht exakt im Vorfeld planen lässt.

Nun ging es zum ersten Mal an die Motorhaube. Hier wurde eine Neuteillackierung gemäß Vorgaben des Lackherstellers in schwarz aufgebracht. Anschließend wurde die Haube in Teilbereiche aufgegliedert, um die Arbeitsschritte einfacher planen zu können. So wurden die beiden äußeren Bereiche zusammen gefasst und zuerst bearbeitet. Der Mitteilteil folgte zu einem späteren Zeitpunkt. Bei einem Projekt dieser Größenordnung ist es wichtig, sich einzelne Zwischenziele zu setzen um Erfolgserlebnisse zu schaffen. Diese sorgen für die nötige Motivation, Selbstvertrauen und Ehrgeiz das Projekt weiter voran zu bringen. Als erstes wurde die Floating-Technik auf die Motorhaube aufgebracht wie Abb. 7.11 zeigt. Da diese Technik einiges an Unebenheiten schafft, daher mehrere Zwischenschliffe benötigt und gleichzeitig auch schwierig in der exakten Konturbegrenzung ist, war es naheliegend mit dieser zu beginnen. Hierfür wurde der Boden unter der Haube ausgelegt, die Randbereiche abgeklebt und die Farben ausgebracht. Damit diese in die korrekte Richtung verlaufen, wurde die Haube leicht schräg gestellt und während des Verlaufens teilweise angehoben und gedreht bis das gewünschte Ergebnis erzielt war. Die Farbe, welche an den Rändern der Haube abtropfte, wurden diese im Anschluss von den Farbtropfen an den Kanten befreit um wenigstens einigermaßen ebene Kantenbereiche zu bekommen. Da diese Technik genau in den auf der Haube vorhandenen Vertiefungen aufgebracht wurde und auch nur in diesem Bereich sichtbar blieb, wurde alles außerhalb

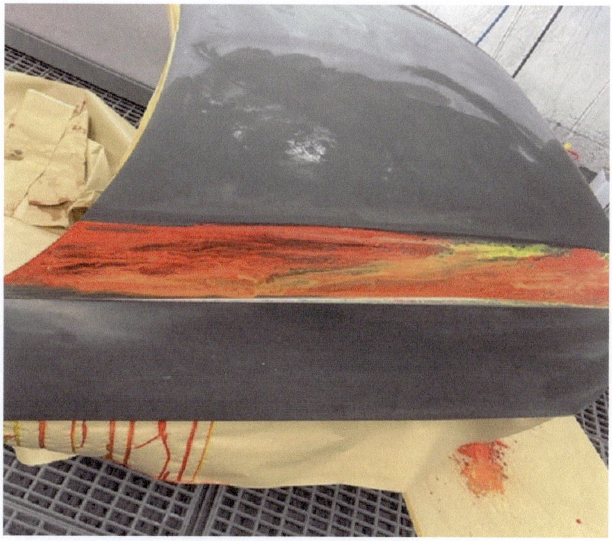

Abb. 7.11 Verlaufstechnik auf Motorhaube

dieser Vertiefungen direkt im Anschluss wieder gereinigt. Danach wurde an den Kanten abgeklebt und ein erster Klarlackgang auf die Floating-Technik aufgebracht um diese zu sichern und ein weiteres Arbeiten zu ermöglichen.

Nach erfolgtem Zwischenschliff der Vertiefungen wurden diese, genauso wie der Mitteilteil abgedeckt. Nun wurden die beiden äußeren Randbereiche mit einer Folientechnik verziert wie auf Abb. 7.12 zu sehen ist. Hierzu wurde ein Silberner Basislack dick auf lackiert und anschließend mit einer im Vorfeld zerknüllten Abdeckfolie belegt. Diese wurde direkt im Anschluss wieder abgezogen und so das gewünschte Muster erzeugt. Nun wurden sowohl die Silbernen, als auch die Floating Bereiche Klarlackiert um die Fläche für die weitere Bearbeitung vorzubereiten. Das nach jedem Klarlackauftrag ein Zwischenschliff erfolgte um Unebenheiten auszugleichen, werde ich in der weiteren Beschreibung nicht mehr ständig extra erwähnen, muss aber natürlich erfolgen.

Mit dem Schneidplotter wurden die ersten negativ Schablonen gefertigt, eingemessen auf die silbernen Bereiche geklebt. Anschließend wurde die Fläche um die Folie leicht mit einem stark verdünnten schwarz übernebelt was auf Abb. 7.13 zu sehen ist. Nach entfernen der Schablonenfolie ist die Schrift klar erkenn- und lesbar. Dieses erfolgte sowohl auf der linken-, als auch auf der rechten Seite der Motorhaube mit unterschiedlichen Schriftzügen. Ebenfalls wurden Zitate in deutlich kleinerer Schriftgröße als positiv Schablone aufgeklebt und mit weiß auslackiert damit diese sich etwas abheben und später noch zu erkennen sind was Abb. 7.14 verdeutlicht.

Im Anschluss wurden die beiden silbernen Teilbereiche mit den Schriften mit Candylacken eingefärbt. Um im Übergangsbereich zur Floating-Technik einen silbernen Streifen

Abb. 7.12 Folientechnik auf Motorhaube

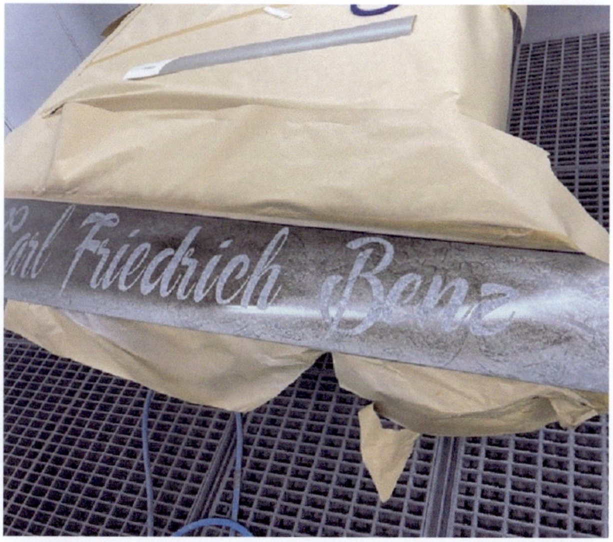

Abb. 7.13 Negativ Schriftzug

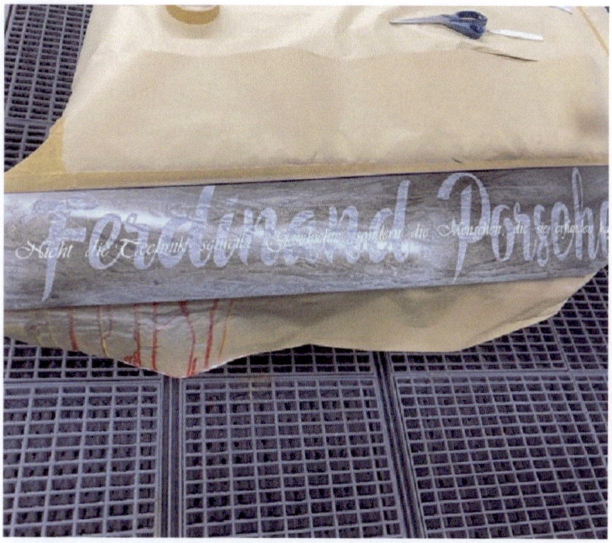

Abb. 7.14 Positiv Schriftzug im Vordergrund

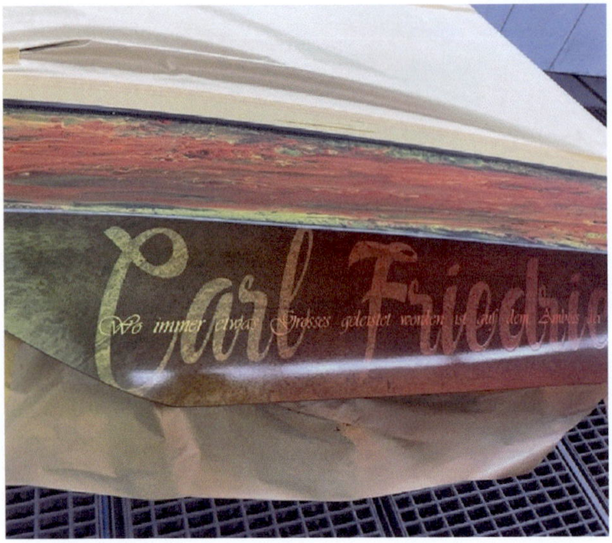

Abb. 7.15 Farbverlauf Detailansicht

zu erhalten, wurde dieser mit Zierlinienband zuvor abgeklebt. Es wurden den Candylacken ein wenig farblich passende Pigmente beigemischt, um die Folientechnik nicht nur einzufärben, sondern leicht abzudecken, damit diese nur dezent zu erkennen ist und nicht zu präsent wirkt. Die Candylacke wurden im Farbverlauf, beginnend von hell nach dunkel aufgetragen. Die Abb. 7.15 und 7.16 zeigen diesen Farbverlauf von Gelb über Rot zu Schwarz. Danach folgte erneut eine Klarlackschicht um alles zu sichern und die vorhandenen Unebenheiten weiter ausgleichen zu können.

Nun ging es wieder an den Floating-Bereich. Hier wurden die Bereiche, in denen die Technik erhalten bleiben soll abgeklebt wie auf Abb. 7.17 gezeigt wird. Danach wurde der restliche Bereich schwarz lackiert und nach der Trocknung mit einem feinen Schleifvlies bearbeitet wie auf Abb. 7.18 zu sehen ist.

Mit dem Vlies wurde eine Schleifoptik aufgebracht, die im nächsten Arbeitsschritt notwendig war. Aus Schablonenfolie wurden gleichmäßige Quadrate ausgeschnitten und diese in Form eines Schachbretts oder einer Zielflagge auf den schwarz lackierten Teilbereich aufgeklebt wie auf Abb. 7.19 zu sehen ist.

Hierbei wurde im am Übergang zum Farbverlauf ein dünner Streifen ausgespart und eine Trennlinie zu erzeugen. Anschließend wurde mit einem extrem feinen Silber dünn überlackiert wie auf Abb. 7.20 zu sehen um den gewünschten Kontrast zum Schwarz herzustellen. Die feinen Schleifspuren zeichneten sich wie gewollt im feinen Silber ab und gaben diesem eine Optik, die an gebürstetes Aluminium erinnert. Nach entfernen der Schablonenfolie wurden die Kanten der abgedeckten Floating Technik noch leicht dunkel an genebelt um einen dreidimensionalen Effekt zu erzielen. Anschließend wurde auch hier

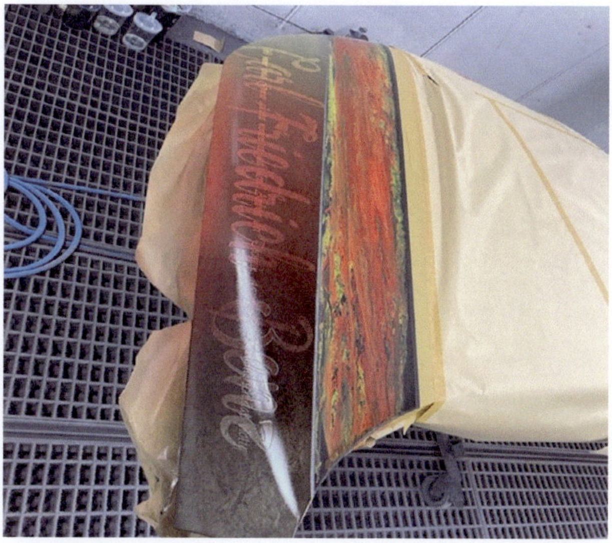

Abb. 7.16 Farbverlauf Gesamtansicht

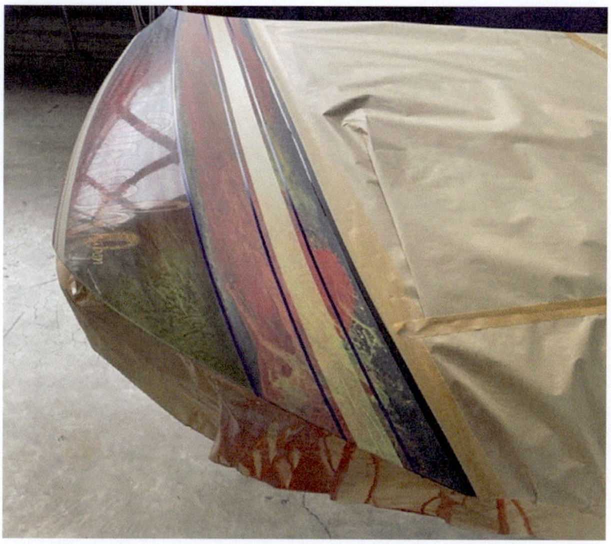

Abb. 7.17 Abkleben der Teilbereiche

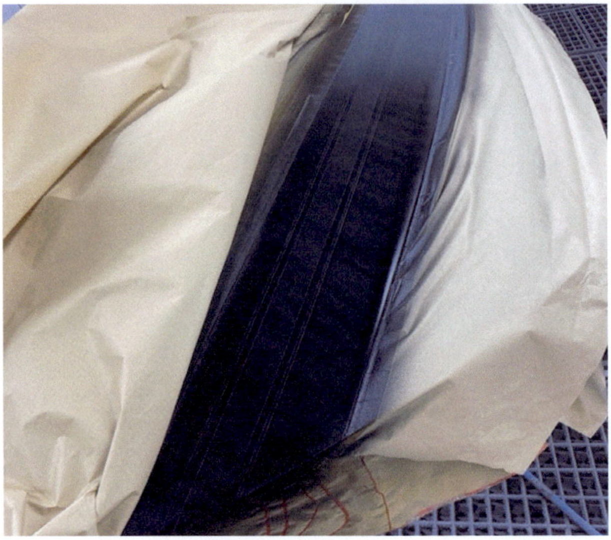

Abb. 7.18 Schwarz mit Schleifspuren

Abb. 7.19 Schablonenfolie wurde aufgeklebt

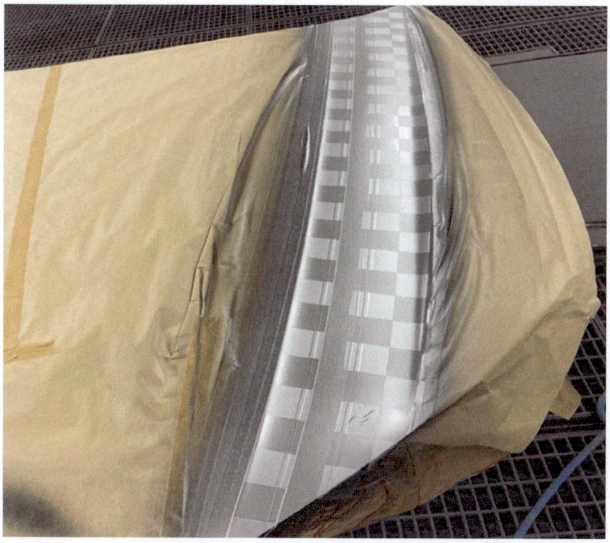

Abb. 7.20 Fläche wurde Silber auslackiert

das Klebeband entfernt und eine Klarlackschicht folgte. Abb. 7.21 zeigt den Teilbereich nach Abschluss dieses Arbeitsschrittes.

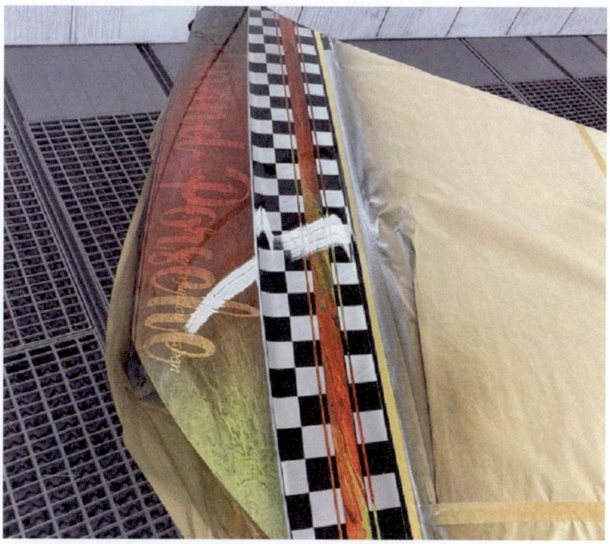

Abb. 7.21 Gesamtansicht nach diesem Arbeitsschritt

Weiter ging es mit Detailarbeiten. So wurden am Rand des Schachbrettmusters auf den Silbernen Quadraten noch wie Abb. 7.22 zeigt Nieten aufgebracht um diese optisch noch deutlicher als metallisch wirken zu lassen. Anschließend wurden Portraits der beiden Ingenieure passen zu den Namen mit Lösemitteltransfer aufgebracht. Dieses ist auf Abb. 7.23 und 7.24 zu sehen. Danach wurde der Äußere Rand mit Zierlinienband abgedeckt und Zierstreifen in Schwarz ein lackiert. Ebenfalls wurde eine dünne Linie, welche über die Portraits und die Schrift läuft, abgedeckt und mit klaren Trennlinien dreifarbig auf lackiert. Auf einer Seite ist diese Linie optisch abgerissen. Hier wurden die Stücke im Rissbereich noch etwas dunkel an den Kanten betont um hier einen leichten Schattenwurf anzudeuten. Abschließend wurde der Außenteil mit dem Farbverlauf noch ganz leicht mit einem Hologrammeffekt übernebelt um die maximale Wirkung bei Sonneneinstrahlung zu erzeugen. Damit waren die beiden Außenbereiche nun vorerst fertig gestellt. Es folgte erneut ein Klarlackauftrag um alles zu schützen und Unebenheiten auszugleichen.

Weiter ging es mit dem Mittelteil der Motorhaube. Hier habe ich im oberen Teil einen Streifen in Rot lackiert. Anschließend wurde darüber ein schwarzer Reisslack aufgebracht. An der Außenkante eher dicker, nach innen verlaufend dann dünner werdent. Dadurch entstanden außen dicke, große Risse, welche nach innen kleiner und schmaler werden. Abb. 7.25 zeigt diese Reisslacktechnik auf der Motorhaube. Nach einem Gang Klarlack mit Zwischenschliff habe ich diese Fläche mit Schwarz angenebelt um diese im Motiv einzublenden. Danach ging es an die Hauptfläche. Hier habe ich aus transparentem Basislack und Pigmenten einen nachleutenden Lack gemischt. Dieser wurde in mehreren Gängen aufgebracht um eine maximale Wirkung erzielen zu können. Die die Pigmente ziemlich schwer sind, sanken diese ständig ab und es war fast nicht möglich, hier eine homogene

Abb. 7.22 Details wurden eingearbeitet

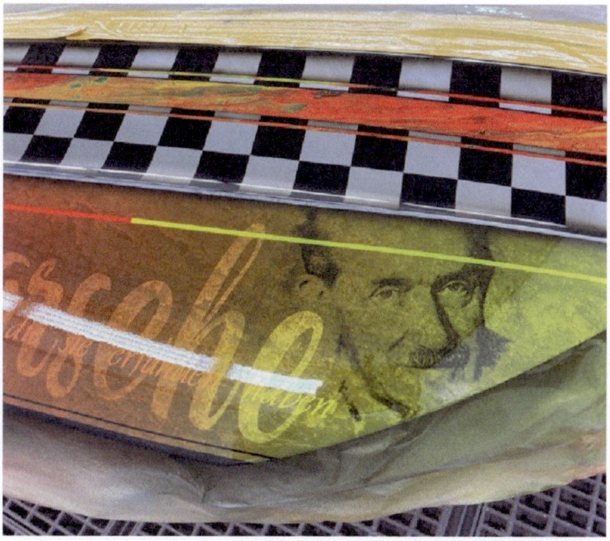

Abb. 7.23 Portrait und Zierlinie

Abb. 7.24 Portrait und Zierlinie

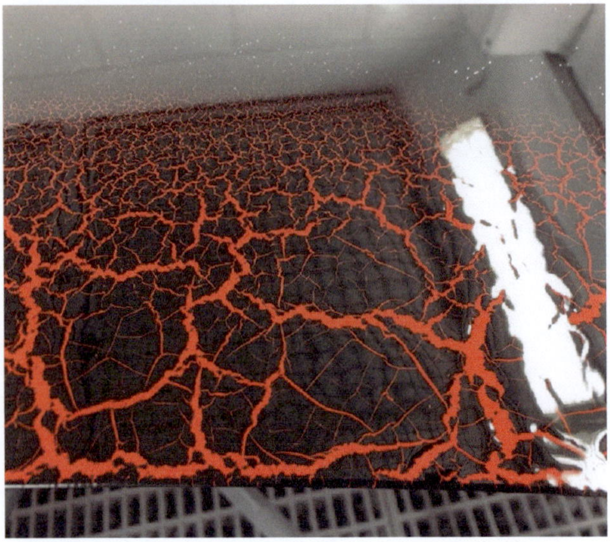

Abb. 7.25 Reisslacktechnik in Rot und Schwarz

Fläche mit gleichmäßiger Pigmentverteilung zu bekommen was Abb. 7.26 verdeutlicht. Da dieses aber für meine Zwecke nicht unbedingt erforderlich war, habe ich darauf auch

Abb. 7.26 Mittelteil mit Phosphoreszenz Pigmenten

Abb. 7.27 Candylack in Braun

keinen Schwerpunkt gelegt. Gleichzeitig habe ich noch Muster mit der selben Pigmentmenge und Lackauftrag erstellt, um später mit diesen noch ein paar versuche durchführen zu können ohne direkt an der Haube testen zu müssen. Zwar habe ich bereits im Vorfeld einige Versuche unternommen, jedoch war die exakte Vorgehensweise noch nicht final festgelegt. Auch dieser Teil wurde wieder mit schwarz eingeblendet und so eine Trennung zwischen Leuchten und Reisslack geschaffen. Im Anschluss erfolgte einmal mehr eine Klarlackschicht mit anschließendem Zwischenschliff, der Auftrag eines braunen Candylacks wie Abb. 7.27 zeigt um die typische Färbung der Nachleutpigmente zu verändern und erneut ein Klarlack um Vorhandene Unebenheiten beseitigen zu können.

Nun wurde eine Schablone aus Folie in Form eines Gehirns aufgebklebt, welches im Vorfeld gezeichnet, digitalisiert und mit dem Plotter ausgeschnitten wurde. Anschließend kam Zierlinienband zum Einsatz um die Leitungen zu maskieren was Abb. 7.28 zeigt. Obwohl der Entwurf hier als Hilfe genommen wurde, war die Aufteilung der einzelnen Linien nicht klar definiert, sondern wurde direkt am Objekt vorgenommen und Optisch angepasst. Ebenfalls wurden in jede Linie ein Piktogramm aus Schablonenfolie gesetzt, was später ebenfalls sichtbar bleiben sollte. Abb. 7.29 zeigt die Maskierung und das Zierlinienband. Die Enden wurden mit ebenfalls geplotteten Ringen aus Schablonenfolie maskiert. Um gleichmäßige und gerade Linien zu bekommen, wurde hier mit Klebeband, Lineal und Geodreieck gearbeitet. Ebenfalls wurde ein Skalpell zur Hilfe genommen um exakte Kanten und Ecken zu bekommen.

Abb. 7.28 Schablonenfolie wurde aufgeklebt

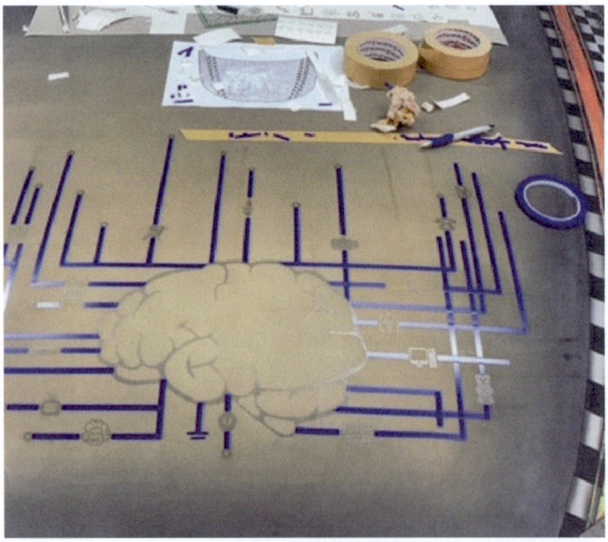

Abb. 7.29 Zierlinien und Piktogramme wurden eingefügt

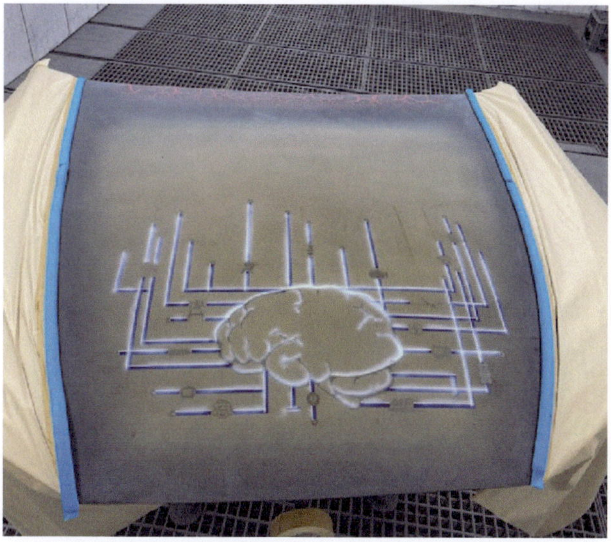

Abb. 7.30 Randbereiche wurden mit Weiß betont

Nachdem die Maskierung vollständig aufgebracht war, habe ich die Kantenbereiche der linken Seiten noch leicht mit weiß an lackiert um hier etwas Lichtspiegelungen anzudeuten was Abb. 7.30 zeigt. Anschließend wurden diese nochmals mit einem 1 mm Zierlinienband abgeklebt. Diese Arbeit war zwar sehr zeitintensiv und filigran, aber wichtig, da die Linien dadurch später viel interessanter wirken. Nachdem die Außenflächen wieder abgedeckt waren, wurde aus verschiedenen Effektpigmenten, transparentem Wasserbasislack und Farbstoffen ein Effektlack gemischt, welcher als Folgebeschichtung zur Anwendung kam. Abb. 7.31 zeigt diese Bestandteile. Ebenfalls wurde der obere Teil mit der Reisslack-Technik lose mit Papier abgedeckt, um diesen Bereich vor dem folgenden Farbauftrag zu schützen ohne dabei eine harte Kante zu erzeugen. Nun wurde die komplette Fläche mit dem selbstgemischten Effektlack erst einmal dünn, dann satt beschichtet. In den noch nassen Bereich wurde nun Spiritus mit den Händen gespritzt um die Charakteristik der Spiritustechnik zu erhalten. Die noch nasse Lack- und Spiritusschicht wurde nun nochmals mit dem Lack leicht übernebelt, ebenfalls wurde hierfür das Papier des oberen Bereichs entfernt. Diese Variante der Spiritustechnik zeigt Abb. 7.32 Anschließend musste alles gut durchtrocknen.

Danach wurde die Flache abgedeckt und die Innenteile des Gehirns mit weißem Spinnfaserlack bearbeitet was auf Abb. 7.33 zu sehen ist. Anschließend wurde die restliche Maskierung komplett entfernt. Nun erfolgte wieder ein Klarlackgang mit Zwischenschliff um die Fläche zu sichern und zu ebnen. Jetzt konnten sämtliche Kantenbereiche, wo notwendig, nachgearbeitet werden. Zusätzlich wurde an den Linien bei Überlappungen mit schwarz eine der beiden Linien abgedeckt und leicht an genebelt. Dadurch entstand

Abb. 7.31 Bestandteile des Effektlacks

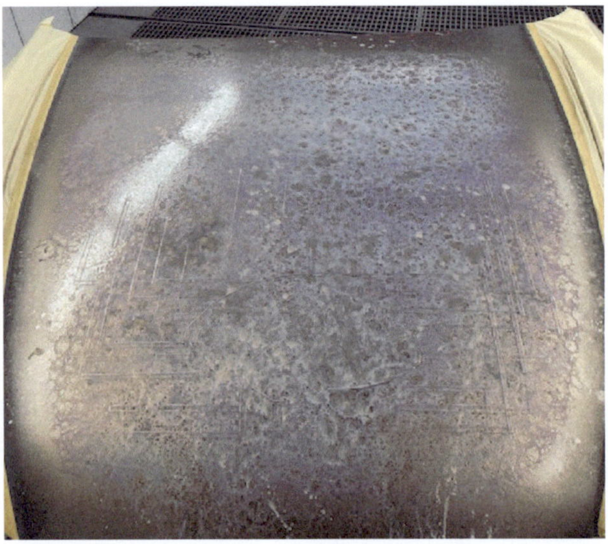

Abb. 7.32 Spiritustechnik mit Effektlack

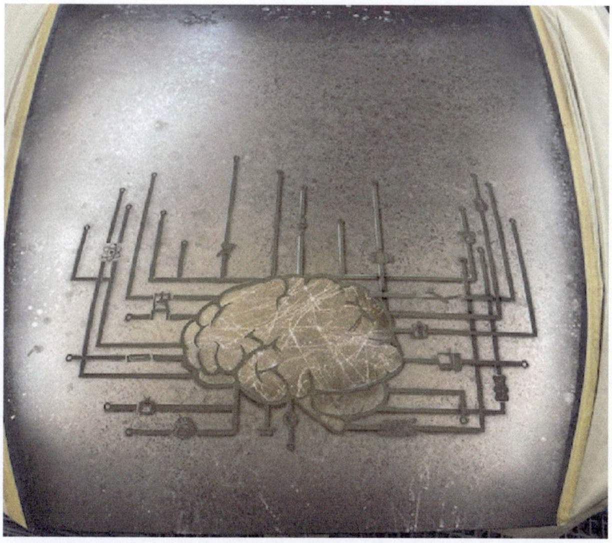

Abb. 7.33 Spinnfaserlack

Optisch eine Überlappung, welche einen dreidimensionalen Charakter besitzt. Auch hier folgte nach Abschluss der Arbeiten erneut ein Klarlackauftrag, da einige Unebenheiten noch nicht komplett beseitigt waren. Abb. 7.34 zeigt die klarlackierte Haube. Danach

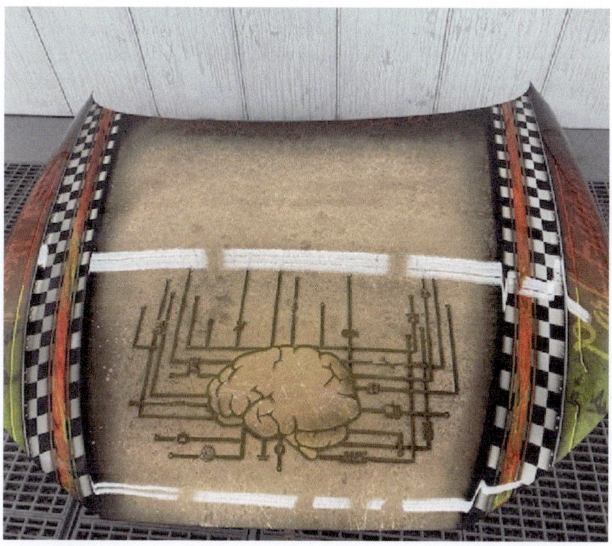

Abb. 7.34 Fläche nachbearbeitet und klarlackiert

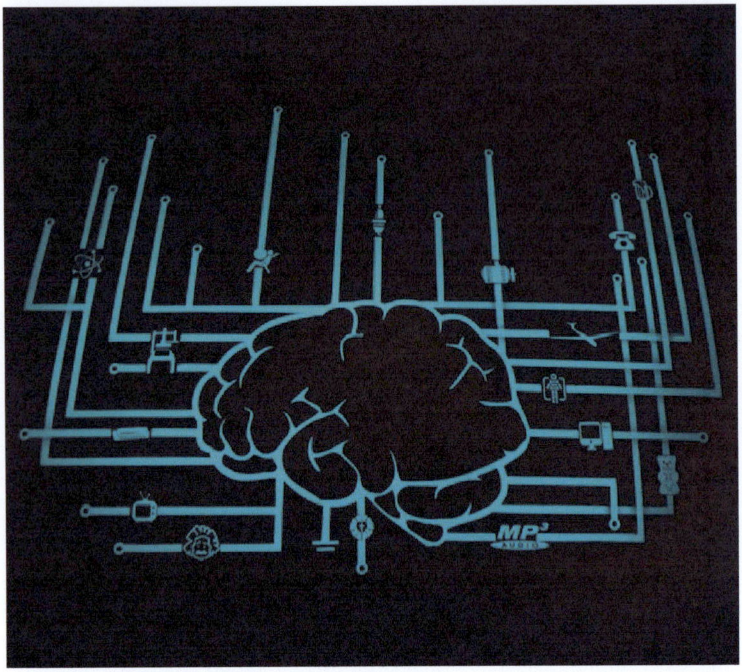

Abb. 7.35 Effektlack bei Dunkelheit

erfolgte die Prüfung, ob alle Bereiche, wie gewünscht, komplett deckend Überlackiert wurden oder im Effekt noch Fehlstellen vorhanden sind. Dieser Test verlief absolut positiv und die Wirkung hat mich absolut begeistert. In der Dunkelheit begannen die Linien wie geplant kräftig in blau zu leuchten, wobei der Rest komplett dunkel blieb. Abb. 7.35 zeigt diesen Effekt bei Dunkelheit.

Weiter ging es nun bei der Ausarbeitung des Gehirns. Hier wurde die Patentschrift des Motorwagen 1, welche Abb. 7.36 zeigt, die erste ausgestellte Fahrerlaubnis und ein Zeppelin durch Lösemitteltransfer auf die Oberfläche aufgebracht. Diese wurden durch Umrandungen und weitere Elemente ergänzt, welche mit Schablonentechnik, losen Papierschablonen mit der Airbrushpistole aufgebracht. Diese ist hierfür aufgrund der sehr kleinen Düse, des minimalen Farbtonauftrags und Zerstäubung perfekt geeignet für diese Arbeiten. Ebenfalls wurden Schatten an der Silhouette des Gehirns angelegt. Abb. 7.37 zeigt die komplette Grafik.

Da der Grundaufbau nun abgeschlossen war, wurden nun die Außenbereiche und der Innenbereich miteinander verbunden. Hierfür wurden auf jeder Seite drei unterschiedlich breite Streifen maskiert, im Grundfarbton auslackiert und anschließend mit farblich passenden Flakes veredelt. Diese zeigt Abb. 7.38. Danach wurden weitere Designelemente in Form eines Schriftzugs und eines Holzrades aufgebracht. Das Rad wurde ebenfalls als Schablone geschnitten, aufgeklebt und farblich mit Airbrushpistole, Pinsel, Schwamm und

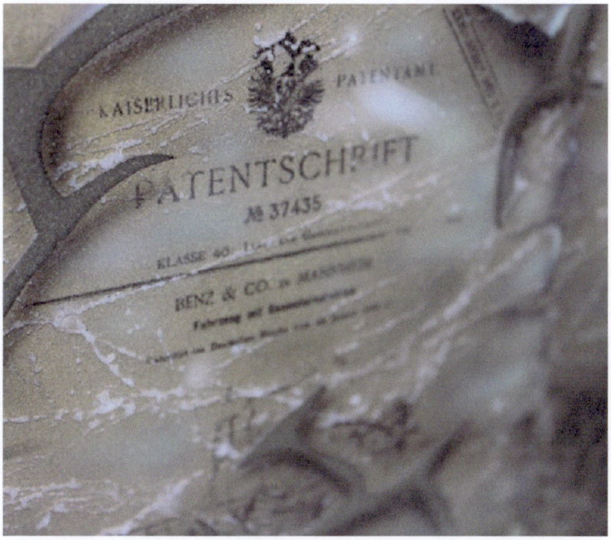

Abb. 7.36 Patentschrift mit Lösemitteltransfer

Abb. 7.37 Grafik „Gehirn“

Abb. 7.38 Zierlinien mit Flakes

Schleifvlies gestaltet. Die Farbgebung selbst besteht aus einem Elfenbein, einem Oker, einem Braun und transparentem Schwarz. Der Schriftzug wurde als Schablone gefertigt, aufgeklebt und weiß lackiert. Anschließend wurde die Schrift sowohl oben als auch unten leicht mit einem Ocker an genebelt. Dadurch wirkt diese deutlich plastischer und dynamischer. Zusätzlich dämpft das Oker das Weiß etwas ab und fügt es optimal in das Gesamtobjekt ein. Abb. 7.39 zeigt die Schrift und das Holz Rad.

Es folgte nun eine Oberflächenvergoldung mit Echtgold. Hierfür wurde wieder eine Schablone mit dem Plotter erstellt, diese aufgeklebt und mit verdünnter Anlegemilch auslackiert. Ich habe mich hierbei für den Auftrag mit der Lackierpistole entschieden, um eine wirklich glatte Fläche zu bekommen. Nach der Trocknung wurde die Maskierung entfernt und das Blattgold eingelegt was Abb. 7.40 zeigt. Dieses wurde nach der Trocknung poliert und erhielt in Teilbereichen mit Watte eine leichte Schleiftechnik. Im Anschluss erfolgte ein Klarlackauftrag mit Zwischenschliff um den Bereich wieder weiter bearbeiten zu können. Es wurden wieder Schablonen aufgeklebt, teilweise auslackiert, teilweise nur übernebelt um die Beschriftung auf das Blattgold zu bekommen welche in Abb. 7.41 zu sehen ist. Ebenfalls wurden die ganzen Kantenbereiche der Vergoldung nachgearbeitet, damit keine Fehlstellen mehr vorhanden sind.

Als nächstes folgten die Grafiken auf dem Innenteil der Motorhaube. Diese wurden ebenfalls digital erstellt, mit dem Plotter geschnitten und als Schablone aufgeklebt. Die farbliche Gestaltung wurde mit der Airbrushpistole vorgenommen um möglichst feine Farbverläufe darstellen zu können. Beim Erstellen der Logos habe ich mich von Außen nach Innen, beziehungsweise von Hinten nach Vorne vorgearbeitet. Das heißt, die Motive,

Abb. 7.39 Schrift und Holz Rad

Abb. 7.40 Oberflächenvergoldung

Abb. 7.41 Vergoldung mit lackierter Beschriftung

die später im Hintergrund sind, wurden zuerst gefertigt. Anschließend die Motive, die etwas mehr im Vordergrund stehen. Abb. 7.42 und 7.43 zeigen beispielhaft einen Teil der Logos.

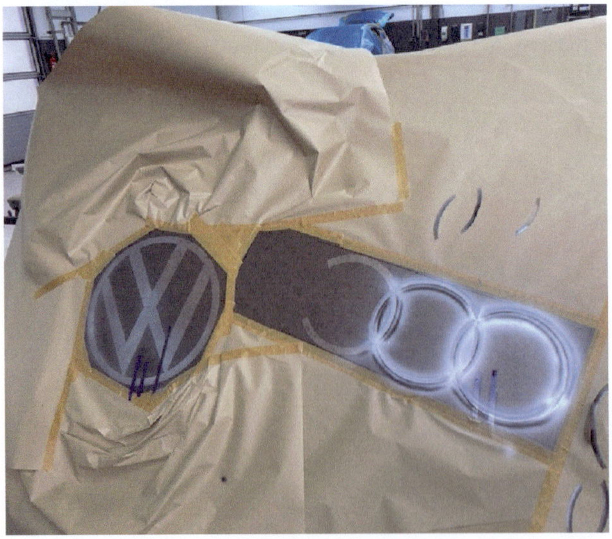

Abb. 7.42 zwei Grafiken in Arbeit.

Abb. 7.43 eine Grafik im Innenbereich fast fertig.

Nachdem die vier Hauptelemente gefertigt waren, wurden diese noch weiter bearbeitet. Ebenfalls im Schablonentechnik wurden hier Silhouetten der jeweiligen Städte dunkel an genebelt. Bei jeder Stadt wurde zusätzlich noch ein Horizont angelegt, bei dessen Gestaltung die Sprenkel Technik zur Darstellung von Sternen genutzt wurde. Abb. 7.44 zeigt eine dieser Städte zur Verdeutlichung. Nachdem alle vier Grafiken soweit fertiggestellt waren, erfolgte wieder eine Klarlackschicht inklusive dem notwendigen Zwischenschliff. Abb. 7.45 zeigt die komplette Motorhaube inklusive aller vier Grafiken.

Nun folgte das fünfte Logo in der Mitte wie Abb. 7.46 zeigt. Dieses wurde, wie die Anderen bereits auch, mit der Schablonentechnik auf lackiert und mit der Airbrushpistole durch Licht und Schatten in Form von Schwarz und Weiß noch weiter bearbeitet. Den mittleren Bereich habe ich hierbei frei gelassen, da an dieser Stelle noch ein weiteres Motiv aufgebracht werden sollte. Zusätzlich wurde im unteren Bereich noch eine kleine Silhouette, ebenfalls mit Schablone angelegt welche Abb. 7.47 Diese wurde mithilfe der Airbrushpistole und einer Freihandschablone noch mit einer Flamme verziert. Auch Holzmalstifte kamen hier zum Einsatz um Konturen zu betonen.

Nun wurden die Skizzen für die nächste Grafik gefertigt. Diese dann nochmals als Vorlage gezeichnet und in der richtigen Größe ausgedruckt. Hier wurde der Ausdruck einfach ausgeschnitten und auf die Haube gehalten wie auf Abb. 7.48 zu sehen ist. So konnte die optimale Position und Größe ermittelt werden. Als dieses abgeschlossen war, wurde der zu bearbeitende Bereich mit Schablonenfolie beklebt und mit Hilfe von Bleistiftschraffur wurde das Motiv auf diese übertragen. Nun wurde mit den Skalpell direkt

Abb. 7.44 Silhouette einer Stadt mit Sternenhimmel

Abb. 7.45 Aktueller Stand der Motorhaube

Abb. 7.46 Alle fünf Logos der Fahrzeughersteller

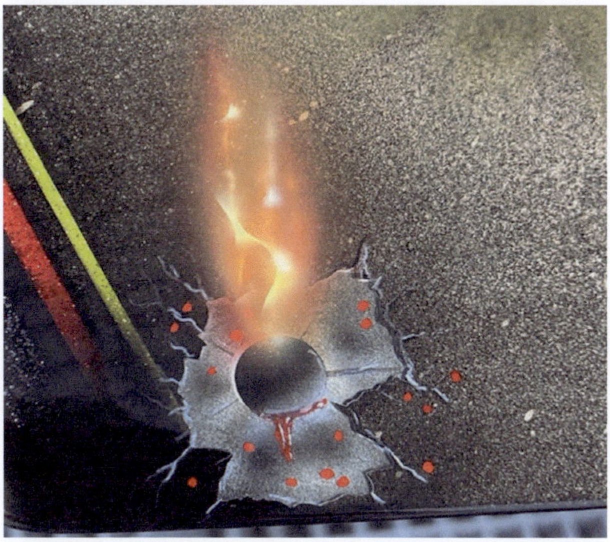

Abb. 7.47 Kleines Detail: Deutschlandsilhouette

Abb. 7.48 Ausdruck der Vorlage auf der Haube

auf der Oberfläche geschnitten und die einzelnen Bereiche nacheinander frei gelegt, bearbeitet und wieder abgedeckt bis das Motiv komplett fertig gestellt war. Abb. 7.49, 7.50 und 7.51 zeigen einzelne Arbeitsschritte zur Erstellung der Grafik. Danach folgte, wie so

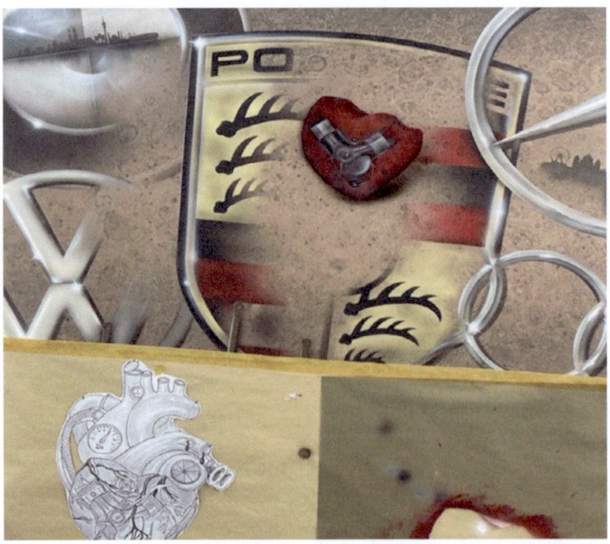

Abb. 7.49 Erste Teile der Grafik werden gefertig.

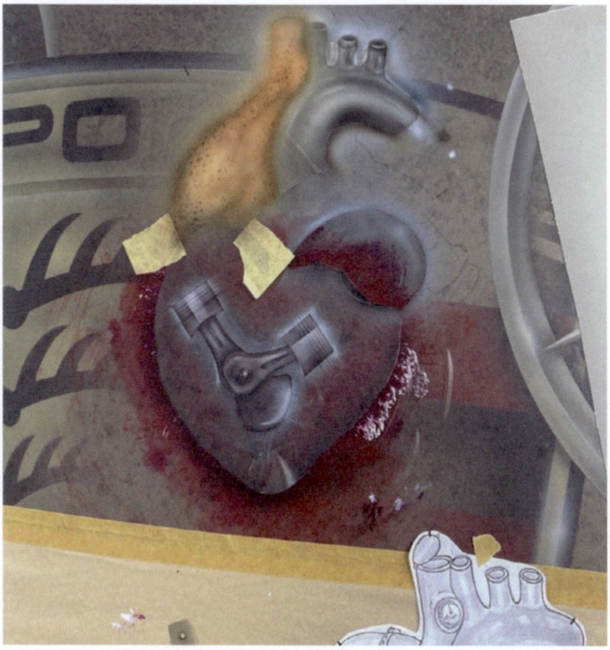

Abb. 7.50 Fertige Teile werden abgeklebt

oft, wieder eine Schicht Klarlack mit anschließendem Zwischenschliff.

Es folgte die nächste Grafik im selben Prinzip. Schablonenfolie auf den Untergrund kleben, Vorlage auf der Rückseite mit Bleistift schraffieren, auflegen und nachzeichnen. Im Anschluss wurden auch hier die Teilbereiche mit dem Skalpell ausgeschnitten, ausgehoben und gestaltet. Für feinste Konturen kamen ebenfalls Buntstifte und Konturenband zum Einsatz. Auch hier erfolgte nach Fertigstellung wieder eine Schicht Klarlack mit Zwischenschliff. Abb. 7.52, 7.53, 7.54, 7.55 und 7.56 zeigt die einzelnen Schritte bis zur fertigen Grafik.

Nun wurde auch die Rückseite der Haube bearbeitet. Da es sich um ein reines Ausstellungsstück handelt, sollte auch dieser Bereich nicht vernachlässigt werden. Passend zum Thema wurde die Teilbereiche mit der Landesflagge verziert. Ebenfalls wurde das Logo des damaligen Sponsors hier verewigt. Abb. 7.57 zeigt die Rückseite der Motorhaube. Nachdem die Rückseite fertig war, ging es wieder zum Hauptbereich auf die Vorderseite. Hier wurden noch kleine Schriftzüge, wie der des VW Typ 1 Käfer dezent auf lackiert. Diese sind nur sehr leicht zu erkennen, aber durften der Vollständigkeit halber nicht fehlen. Ebenfalls wurde der Reichstag als stilisierte Zeichnung in Schablonentechnik aufgebracht. Dieser ist ebenfalls in einem Braunton gehalten und zeichnet sich nur minimal ab wie auf Abb. 7.58 zu erkennen ist. Um diesen zu erkennen, muss der Betrachter schon sehr genau schauen. Aber genau das war mein Ziel bei diesem Projekt. Je länger

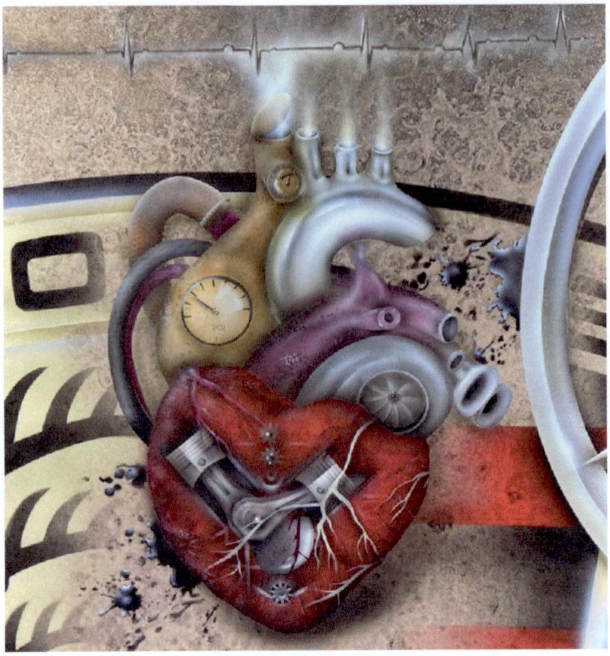

Abb. 7.51 Fertige Grafik

Abb. 7.52 Erste Konturen werden grob angelegt

Abb. 7.53 Farbe wird aufgebracht und erste Details angelegt

Abb. 7.54 Weitere Details werden ausgearbeitet.

diese Haube betrachtet wird, je mehr Details sollte auffallen um beim Betrachter keine Langeweile aufkommen zu lassen. Nun folgten mehrere Gänge Klarlack, um eine absolut ebene Oberfläche zu schaffen.

Danach ging es wieder an den Computer um Schablonen digital zu erstellen und diese im Anschluss mit dem Plotter aus Schablonenfolie zu schneiden. Anschließend mussten diese ausgehoben und mit Transferpapier vorbereitet werden. Die Schablonen wurden

Abb. 7.55 Weitere Details folgen

Abb. 7.56 Fertige Grafik

dann passen eingemessen und auf die Motorhaube aufgeklebt. Eine Schablone zeigt das Brandenburger Tor erstellt aus einem Binärcode wie Abb. 7.59 und 7.60 zeigt, die zweite Schablone zeigt den Bundesadler und 6 Sterne.

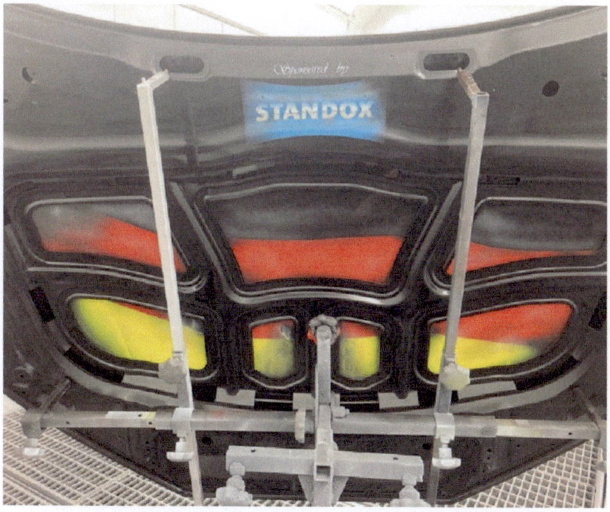

Abb. 7.57 Rückseite der Motorhaube

Abb. 7.58 Beschriftung und Reichstag dezent lackiert

Hier kamen nun UV Aktive Farben zum Einsatz. Diese zeichnen sich dadurch aus, dass unser Auge diese bei Tageslicht nicht erkennen kann. Sie wirken dadurch unsichtbar. Da diese Pigmente lediglich ultraviolette Lichtwellen reflektieren, reagieren sie erst, wenn sie mit Schwarzlicht in Berührung kommen. Werden diese mit einer UV Lampe

Abb. 7.59 Brandenburger Tor aus Binärcode

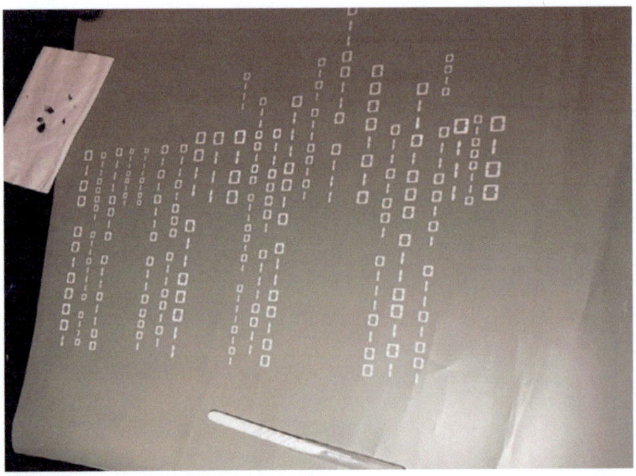

Abb. 7.60 Schablonenfolie wird vorbereitet

angestrahlt, beginnen sie zu Leuchten. Genau dieses verhalten sorgte aber für etwas Vorbereitungsarbeit für die Lackierung. Sämtliche Fenster der Lackierkabine wurden abgeklebt um keinen Lichteinfall mehr in der Kabine zu haben. Zusätzlich wurden Strahler mit ultraviolettem Licht aufgestellt. Anschließend wurde die Farbe, die eigentlich aus dem Bereich der Textilmalerei kommt, im 4 Gängen unter Schwarzlicht auf die Oberfläche lackiert, bis die gewünschte Leuchtkraft erreicht war. Abb. 7.61 zeigt den Bereich während des Lackierens. Parallel dazu wurde bei jedem Lackiergang ein Muster erstellt und mit diesem außerhalb der Lackierkabine überprüft, ob die Farben wirklich nicht

Abb. 7.61 UV-Reaktive Farbe wird lackiert

zu erkennen sind. Nachdem die Lackierarbeiten abgeschlossen waren, wurde das Maskiermaterial von der Oberfläche entfernt und erneut eine Klarlackschicht zum Schutz aufgebracht. Abb. 7.62 und Abb. 7.63 zeigen die lackierten Bereiche unter Schwarzlicht. Nach erfolgtem Zwischenschliff und der Beseitigung aller Unebenheiten, wurde

Abb. 7.62 Binärcode unter Schwarzlicht

Abb. 7.63 Binärcode im Detail unter Schwarzlicht

die komplette mittlere Fläche noch dünn mit einem holographischen Effektlack übernebelt. Die Absicht war hierbei, die maximale Effektwirkung bei Sonneneinstrahlung zu erreichen, gleichzeitig aber auch um von eventuell vorhandenen, leicht sichtbaren Bereichen der UV Lackierung abzulenken. Anschließend folgte ebenfalls wieder eine Klarlackschicht, gefolgt von einem sehr feinen Zwischenschliff mit Körnung 1500 und dem finalen Klarlackgang als Abschlussbeschichtung.

Zusätzlich wurde als optisches Highlighte während der Finish- und Polierarbeiten der zu Anfang geschaffene Streifen in Floating Technik mit einem matten Finish versehen. Um aber keine scharfen oder spürbaren Lackkanten zu bekommen, wurden die Kanten scharf abgeklebt und die gewünschten Bereiche exzentrisch mit Körnung 3000 Nass mattiert. Hier lag die Schwierigkeit besonders darin, scharfe und gerade kanten zu erzeugen, was aber mit etwas Übung an einer Musterplatte gut realisierbar war. Nach Abschluss aller Arbeiten erfolgte eine strenge Qualitätskontrolle, die Überprüfung aller gewünschten Effekte und das Auftragen eines Schutzwachses zur Lackversiegelung. Und ab damit zur Meisterschaft. Abb. 7.64 zeigt die komplette Motorhaube unter Einwirkung von Schwarzlicht. Hier ist nun das Brandenburger Tor und der Bundesadler mit den Sternen klar erkennbar. Abb. 7.65 zeigt die Haube ohne, Abb. 7.66 nur unter Schwarzlicht. Auf dem letzteren ist erkennbar, dass nur unter Schwarzlicht auch die nachleuchtenden Pigmente reagieren und leuchten.

Dieses Projekt von Abb. 7.67 war bis dahin das mit Abstand aufwendigste Designkonzept, welches ich bis dahin erstellt und umgesetzt habe. Gleichzeitig zeigen die vier Designbeispiele aber auch, dass die einzelnen Tätigkeiten hierbei nicht so kompliziert sind

Abb. 7.64 Motorhaube unter Einwirkung von Schwarzlicht. Bundesadler und Brandenburger Tor sind klar erkennbar

Abb. 7.65 ohne Schwarzlicht ist nichts zu sehen.

Abb. 7.66 unter Schwarzlicht leuchtet auch die Nachleuchtfarbe.

Abb. 7.67 Fertige Motorhaube bei Tageslicht

wie sie im Gesamteindruck erscheinen. Alle hier verwendeten Techniken wurden in diesem Buch bereits beschrieben und erklärt. Somit sollte das Nachmachen hier eigentlich keine großen Probleme bereiten. Ebenfalls wird hier gezeigt, wie unkompliziert verschiedene Techniken miteinander zu einem Gesamtkunstwerk kombiniert werden können. Wichtig ist nur ein stimmiges Gesamtkonzept, damit die Gestaltung harmonisch wirkt. Letztendlich sind alle Techniken, mit Ausnahme der Airbrushgrafiken, fast nichts anderes wie die normalen, täglichen Arbeiten eines Fahrzeuglackierers. Ordentlich abkleben, Konturen beachten, Farb- und Klarlackauftrag und schleifen, beziehungsweise glätten von Flächen. Wie Du nun gesehen hast, sind auch aufwendige Designs keine Zauberei, sondern einfacher wie Du vermutlich gedacht hast. Rückschläge gehören zwar leider dazu, dennoch lässt sich im Lackierbereich vieles auch wieder in den Griff bekommen. Zur Not müssen Teilabschnitte eben nochmal gemacht werden. Auch hierfür sind die Klarlackschichten während des Aufbaus wichtig. Dadurch wird der bis dahin fertiggestellte Teil des Designs gesichert. Neu aufgebrachte Lackschichten können so, wenn notwendig, wieder abgewaschen und neu gestaltet werden. Ich hoffe, ich konnte mit diesen Beispielen etwas Mut machen, es selbst einfach mal zu versuchen. Es ist einfacher als gedacht, solange man die notwendigen Arbeitsschritte ordentlich und durchdacht plant. Also auf was wartest Du nun noch? Leg los, verwirkliche Deine Träume und mach die Welt ein Stück bunter.

Viel Spaß beim Nachmachen, ausprobieren und designen.

Kurzübersicht Effektlacke und Techniken **8**

Inhaltsverzeichnis

8.1 Effektlacke

(Siehe Tab. 8.1)

8.2 Kreative Lacktechniken

(Siehe Tab. 8.2)

8.3 Kreative Designtechniken

(Siehe Tab. 8.3)

A. Hagemann, *Lackdesign*, https://doi.org/10.1007/978-3-658-49380-6_8

Tab. 8.1 Zusammenfassung Effektlacke

Bild	Name/Kapitel	Werkzeuge	Untergrund	Schwierigkeit*	Anwendung**	Verarbeitung
	Sprühfolie 4.1	• PSA • Lackierpistole	Intakte Altlackierung, gründlich gereinigt und entfettet			Sprühfolie in mehreren Schichten auftragen. 3-4 Schichten Grundierung, danach mindestens 2 Schichten Effekt. Mindestschichtstärke beachten, damit die Folie wieder abgelöst werden kann
	Flip-Flop 4.2	• PSA • Basislackpistole	Untergrund geschliffen mit K600, Grundlack nach Herstellervorgabe aufbringen. Meist wird ein schwarzer Grundlack vorgeschrieben damit der Effekt zur Geltung kommt.			Effektlack in mehreren Spritzgängen aufbringen. Auf einen gleichmäßigen Auftrag ohne Wolkenbildung achten. Zusammengehörige Teile möglichst auch zusammen lackieren
	Spinnfaserlack 4.3	• PSA • Lackierpistole mit passender Düsengröße • Alternativ Spraydosenlack	Grundbeschichtung im Wunschfarbton oder intakte Altlackierung. Geschliffen mit K600-k800, gereinigt und entfettet.			Spinnfaserlack in gewünschter Intensität auf die Oberfläche aufbringen

(Fortsetzung)

Tab. 8.1 (Fortsetzung)

Bild	Name/Kapitel	Werkzeuge	Untergrund	Schwierigkeit*	Anwendung**	Verarbeitung
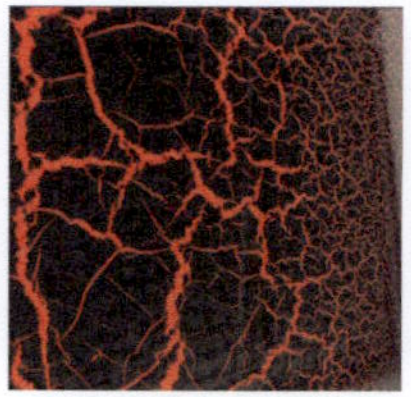	Reisslack 4.4	• PSA • Spraydosenlack • Alternativ Basislackpistole	Grundbeschichtung im Wunschfarbton gemäß Vorgaben des Reisslack-Herstellers aufbringen. Meistens wird konventioneller Basislack benötigt.			Reisslack in mehreren dünnen Schichten auf den abgelüfteten Grundlack aufbringen. Sobald die Schicht beginnt Risse zu bilden, kann die nächste Schicht aufgebracht werden. Je mehr Schichten und Lack aufgebracht werden, je dicker werden die Risse
	Rosteffekt 4.5	• PSA • Füllerpistole • Pinsel • Walze • Zerstäuber für Aktivator	Grundbeschichtung oder intakte Altlackierung. Geschliffen mit K320-K400, gereinigt und entfettet. Auf intakten Korrosionsschutz achten.			Lack mit gewünschtem Werkzeug aufbringen. Nach der Trocknung mit Aktivator besprühen und Reaktion dadurch starten
	Kristalleffekt 4.6	• PSA • Lackierpistole • Zerstäuber/Lappen, oder Lackierpistole für Effektflüssigkeit	Grundbeschichtung im Wunschfarbton oder intakte Altlackierung. Geschliffen mit K600, gereinigt und entfettet.			Effektflüssigkeit dünn auftragen. Nach der Trocknung mit konventionellem Basislack ganz dünn überlackieren. Im Anschluss Kristalle mit Wasser abwaschen

(Fortsetzung)

Tab. 8.1 (Fortsetzung)

Bild	Name/Kapitel	Werkzeuge	Untergrund	Schwierigkeit*	Anwendung**	Verarbeitung
	Flakes 4.7	• PSA • Lackierpistole mit passender Düsengröße • Spezielle Pistole für Metall-Flakes	Grundbeschichtung im Wunschfarbton oder intakte Altlackierung. Geschliffen mit K600, gereinigt und entfettet.			Flakes in Basislack farblos oder Klarlack mischen und in gewünschter Intensität gleichmäßig auf die Oberfläche lackieren. Deutlich einfacher ist es mit einer Pistole für Flakes. Hierfür die Oberfläche mit Klarlack beschichten und die Flakes in die nasse Lackschicht pusten
	Candylacke 4.8	• PSA • Basislackpistole	Grundbeschichtung oder intakte Altlackierung. Geschliffen mit K600-K800, gereinigt und entfettet. Candylacke wirken besonders effektvoll auf silbernem Untergrund. Dieser kann auch mit einem Design versehen werden			Candylacke in mehreren dünnen Schichten bis zur gewünschten Intensität auftragen. Auf einen gleichmäßigen, streifen- und wolkenfreien Auftrag achten. Fehlstellen können nicht mehr korrigiert werden. Je mehr Lack aufgetragen wird, je intensiver die Färbung

(Fortsetzung)

Tab. 8.1 (Fortsetzung)

Bild	Name/Kapitel	Werkzeuge	Untergrund	Schwierigkeit*	Anwendung**	Verarbeitung
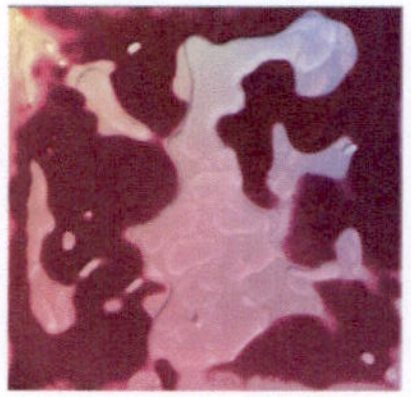	Thermochrom 4.9	• PSA • Basislackpistole	Grundbeschichtung in Wunschfarben oder intakte Altlackierung. Geschliffen mit K600-K800, gereinigt und entfettet. Dieser kann auch mit einem Design versehen			Thermochromlack in mehreren Schichten auftragen. Auf die Umgebungstemperatur achten damit die Deckkraft überprüft werden kann
	Frozen 4.10	• PSA • Zerstäuber • Deko-Pistole	Intakte Altlackierung oder Neubeschichtung geschliffen mit K600-K800. Wirkt auf Bunt oder Perlweiß am Besten			Frozen möglichst dünn aber geschlossen auf die Oberfläche auftragen. Im Anschluss mehrere Tage trocknen lassen. Kann auch nochmal zusätzlich mit einer Perllasur dünn überlackiert werden

Tab. 8.2 Zusammenfassung kreative Lacktechniken

Bild	Name/Kapitel	Werkzeuge	Untergrund	Schwierigkeit*	Anwendung**	Verarbeitung
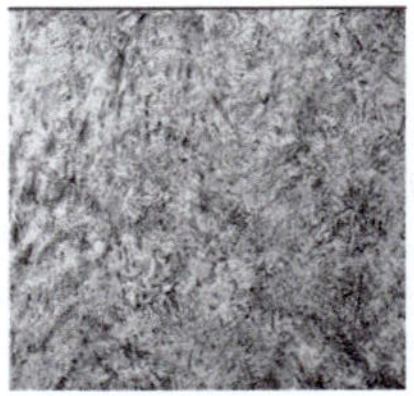	Folientechnik 5.2.1	• PSA • Lackierpistole • Folie	Grundbeschichtung im Wunschfarbton oder intakte Altlackierung. Geschliffen mit K400-K600, gereinigt und entfettet			Basislack dick auftragen, Folie einlegen, leicht andrücken und diese wieder abheben. Alternativ: • Farbe auf die Folie und tupfen. • Folie Lackieren und auflegen, andrücken und wieder ablösen
	Floating/ Verlaufstechnik 5.2.2	• PSA • Abdeckmaterial	Grundbeschichtung, Füller oder intakte Altlackierung. Geschliffen mit K400, gereinigt und entfettet			Bodenbereich großflächig abdecken. Unterschiedliche Farben auf die Oberfläche gießen und verlaufen lassen Alternativ: Farben vorsichtig zusammen in ein Behältnis geben und damit die Oberfläche übergießen

(Fortsetzung)

Tab. 8.2 (Fortsetzung)

Bild	Name/Kapitel	Werkzeuge	Untergrund	Schwierigkeit*	Anwendung**	Verarbeitung
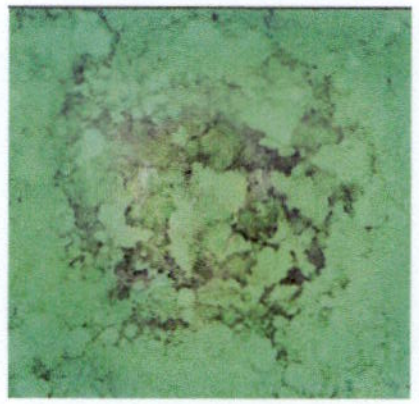	Spiritustechnik 5.2.3	• PSA • Basislackpistole • evtl. Zerstäuber für Spiritus	Grundbeschichtung im Wunschfarbton oder intakte Altlackierung. Geschliffen mit K400-K600, gereinigt und entfettet			Wasserbasislack auf die Oberfläche lackieren. Direkt in den noch nassen lack Spiritus träufeln oder Spritzen. Nach der Trocknung kann mit der nächsten Farbe weiter gemacht werden
	Spülmitteltechnik 5.2.4	• PSA • Basislackpistole	Grundbeschichtung im Wunschfarbton oder intakte Altlackierung. Geschliffen mit K400-K600, gereinigt und entfettet			Spülmittel auf Untergrund auftragen und mit konventionellem Basislack überlackieren. Anschließend Spülmittel mit Wasser gründlich abwaschen
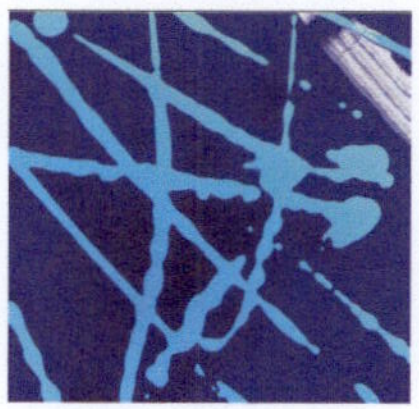	Rasierschaumtechnik 5.2.5	• PSA • Basislackpistole	Grundbeschichtung im Wunschfarbton oder intakte Altlackierung. Geschliffen mit K400-K600, gereinigt und entfettet			Rasierschaum auf Untergrund auftragen und mit konventionellem Basislack überlackieren. Anschließend mit Wasser gründlich abwaschen

(Fortsetzung)

Tab. 8.2 (Fortsetzung)

Bild	Name/Kapitel	Werkzeuge	Untergrund	Schwierigkeit*	Anwendung**	Verarbeitung
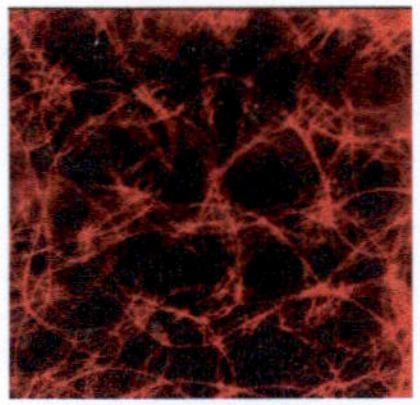	Schablonentechnik 5.2.6	• PSA • Basislackpistole • Schablonen/ Gardienen, Tischläufer o.Ä.	Grundbeschichtung im Wunschfarbton oder intakte Altlackierung. Geschliffen mit K400-K600, gereinigt und entfettet			Schablone auf die Oberfläche legen und fixieren/ Schablonenfolie aufkleben und überlackieren. Anschließend die Maskierung wieder entfernen
	Schleiftechnik auf Metall 5.2.7	• PSA • Winkelschleifer • Schleifscheiben	Untergrund blankes Metall. Gereinigt, entfettet			Schleifspuren auf die Oberfläche aufbringen. Nach der Reinigung mit Haftprimer und Klarlack beschichten. Im Anschluss kann eine Folgebeschichtung mit Candylack vorgenommen werden
	Wassertropfen 5.2.8	• PSA • Deko-Pistole • Zerstäuber für destilliertes Wasser	Grundbeschichtung im Wunschfarbton oder intakte Altlackierung. Geschliffen mit K600, gereinigt und entfettet			Wassertropfen auf die Oberfläche auftragen. Anschließend von einer Seite mit Weiß, von der anderen Seite mit Schwarz nebeln. Nur mit konventionellem Basislack möglich

(Fortsetzung)

Tab. 8.2 (Fortsetzung)

Bild	Name/Kapitel	Werkzeuge	Untergrund	Schwierigkeit*	Anwendung**	Verarbeitung
	Pigment-Puste-Technik 5.2.9	• PSA • Druckluftpistole	Grundbeschichtung im Wunschfarbton oder intakte Altlackierung. Geschliffen mit K600-K800, gereinigt und entfettet			Oberfläche mit Klarlack beschichten. In den nassen Lack die Pigmente werfen oder mit Druckluft pusten
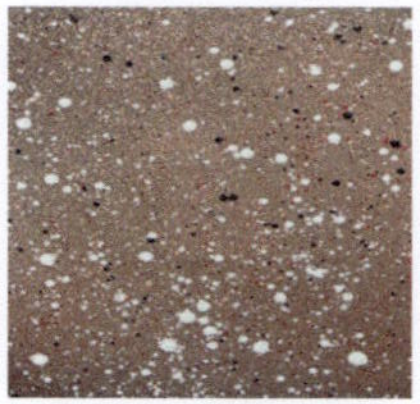	Sprenkeltechnik 5.2.10	• PSA • Basislackpistole • Druckminderer	Grundbeschichtung im Wunschfarbton oder intakte Altlackierung. Geschliffen mit K600-K800, gereinigt und entfettet	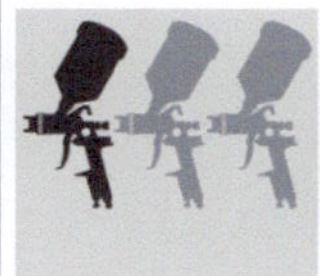		Den Luftdruck soweit nach unten drehen bis die Pistole nur noch „Spuckt". Damit nun die Oberfläche nach Wunsch gestalten
	Rußtechnik 5.2.11	• PSA • Kerze/Feuerzeug oder Gasbrenner	Grundbeschichtung im Wunschfarbton oder intakte Altlackierung. Geschliffen mit K600-K800, gereinigt und entfettet	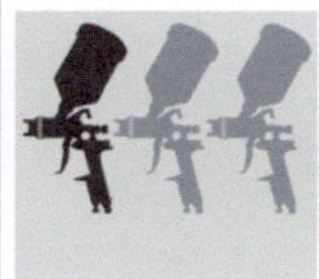		Die Oberfläche vorsichtig mit der rußenden Flamme abfahren und gewünschtes Muster erzeugen. Auf die richtige Wahl der Maskierung achten. **Vorsichtig sein um nichts zu verbrennen**

(Fortsetzung)

Tab. 8.2 (Fortsetzung)

Bild	Name/Kapitel	Werkzeuge	Untergrund	Schwierigkeit*	Anwendung**	Verarbeitung
	Oberflächenvergoldung 5.2.12	• PSA • Vergoldungswerkzeug	Grundbeschichtung im Wunschfarbton oder intakte Altlackierung. Geschliffen mit K800-K1000, gereinigt und entfettet			Anlegemilch auftragen gemäß Herstellervorgabe. Anschließend Gold oder Schlagmetall einlegen, andrücken und polieren. Überschüssiges Material im Anschluss entfernen
	Spachtelrelief 5.2.13	• PSA • Spachtel	Grundierung/Füller oder intakte Altlackierung. Geschliffen mit K320-K400, gereinigt und entfettet			Gewünschte Bereiche maskieren. Spachtelmasse gleichmäßig auftragen. Sobald die Spachtelmasse zu trocknen beginnt wird die Maskierung entfernt. Anschließend Kantenbereiche nacharbeiten
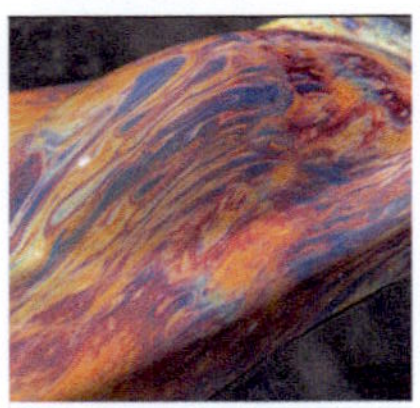	Wassertransfer 5.2.14	• PSA • Tauchbecken • Thermometer	Grundbeschichtung im Wunschfarbton oder intakte Altlackierung. Geschliffen mit K600-K800, gereinigt und entfettet			Wassertransferfolie ins Wasserbad legen, einweichen und mit Aktivator benetzen. Anschließend Objekt leicht schräg eintauchen

Tab. 8.3 Zusammenfassung kreative Designtechniken

Bild	Name/Kapitel	Werkzeuge	Untergrund	Schwierigkeit*	Anwendung**	Verarbeitung
	Lederimitation 5.3.1	• PSA • Lackierpistole	Intakte Altlackierung, gründlich gereinigt und entfettet	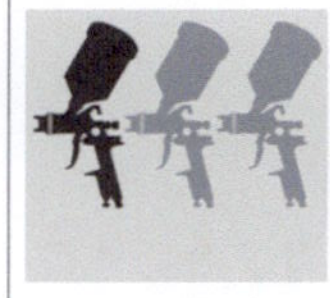		Sprühfolie in mehreren Schichten auftragen. 3-4 Schichten Grundierung, danach mindestens 2 Schichten Effekt. Mindestschichtstärke beachten, damit die Folie wieder abgelöst werden kann
	Aluminium gebürstet 5.3.2	• PSA • Basislackpistole	Untergrund geschliffen mit K600, Grundlack nach Herstellervorgabe aufbringen. Meist wird ein schwarzer Grundlack vorgeschrieben damit der Effekt zur Geltung kommt			Effektlack in mehreren Spritzgängen aufbringen. Auf einen gleichmäßigen Auftrag ohne Wolkenbildung achten. Zusammengehörige Teile möglichst auch zusammen lackieren

(Fortsetzung)

Tab. 8.3 (Fortsetzung)

Bild	Name/Kapitel	Werkzeuge	Untergrund	Schwierigkeit*	Anwendung**	Verarbeitung
	Holzimitation dreidimensional 5.3.3	• PSA • Pinsel • Schwamm • Deko-Pistole • Spachtel	Altlackierung oder Grundierung/Füller geschliffen mit K220-K320 und gereinigt			Holzstruktur mit Spachtelmasse modellieren. In mehreren Schichten mit Pinsel und Schwamm einfärben bis gewünschtes Ergebnis wurde
	Comic-Style 5.3.4	• PSA • Spraydosenlack • Alternativ Deko-Pistole • Acrylmarker	Grundbeschichtung im Wunschfarbton oder mit K600 geschliffene Altlackierung			Oberfläche mit Spraydosen oder Deko-Pistole teilweise einfärben. Konturen mit Acrylmarker hervorheben. Auf helle und dunkle Bereiche achten. Nicht zu gleichmäßig und perfekt arbeiten
	Airbrushtechnik 5.3.5	• PSA • ggf. Schablonen • Airbrushpistole	Grundbeschichtung oder intakte Altlackierung. Geschliffen mit K800-K1000, gereinigt und entfettet			Mit Airbrushpistole gewünschte Motive oder Designs auf die Oberfläche malen

Stichwortverzeichnis

A. Hagemann, *Lackdesign*, https://doi.org/10.1007/978-3-658-49380-6

MIX
Papier aus verantwortungsvollen Quellen
Paper from responsible sources
FSC® C105338

If you have any concerns about our products,
you can contact us on
ProductSafety@springernature.com

In case Publisher is established outside the EU,
the EU authorized representative is:
Springer Nature Customer Service Center GmbH
Europaplatz 3, 69115 Heidelberg, Germany

Printed by Libri Plureos GmbH
in Hamburg, Germany